Zu diesem Buch

Ein Wunsch, der so alt ist wie die Menschheit, ging in unserem Jahrhundert in Erfüllung. Seit dem denkwürdigen Augenblick, als am 17. Dezember 1903 das erste Motorflugzeug vom Boden abhob, liegt eine turbulente Entwicklung hinter uns.
In den nächsten Jahren werden ganz neue Dimensionen der Luftfahrt verwirklicht werden: Überschallverkehrsflugzeuge, Riesentransporter, Raumgleiter. Der Verkehr der Zukunft wird sich immer mehr in die Luft verlagern.
Dieses Buch erzählt die Geschichte der Luftfahrt von den Anfängen bis heute und informiert den Leser auch über die faszinierende Zukunft. Ferner bietet dieses großartig illustrierte Taschenbuch eine lebendige und leicht verständliche Darstellung unter anderem über die wissenschaftlichen Grundlagen der Aerodynamik, des Antriebs, der Navigation, der Flugsicherung.

Die Autoren

H. Guyford Stever ist Präsident des Carnegie Institute of Technology. Zeitweilig arbeitete er als wissenschaftlicher Leiter des Forschungssektors der amerikanischen Luftwaffe, später als Berater der NASA. 1961 bis 1965 lehrte er als Professor am Institute of Technology des Staates Massachusetts.
James J. Haggerty hat zahlreiche Schriften über Luft- und Raumfahrt veröffentlicht. Er ist zeitweise selbst als Pilot tätig gewesen. 1953 bis 1956 war er Flugredakteur des Collier's-Magazin.

Wissenschaftliche Berater

Prof. René Dubos, The Rockefeller University
Prof. Henry Margenau, Yale University
C. P. Snow

Umschlagfoto: Lufthansa-Archiv

Selbst der moderne Mensch des Düsenzeitalters schaut immer wieder fasziniert zu, wenn die großen Maschinen von der Piste abheben und steil in den Himmel steigen. Unfaßbar will es scheinen, daß diese tonnenschweren Ungetüme in der Luft bleiben. Ein Quentchen Stolz über eine große menschliche Leistung spielt bei der Bewunderung dieser Urbilder der Kraft und Geschwindigkeit sicherlich eine Rolle. Und solcher Stolz ist wohl auch nicht ganz unbegründet, blickt man zurück auf die relativ kurze Zeit, die seit dem Beginn des Motorflugs vergangen ist. – Hier eine Boeing 727, die gerade gestartet ist. Mit einer Geschwindigkeit von über 900 Stundenkilometern wird sie ihrem Ziel entgegeneilen. Die Entfernungen, die sie in kurzer Zeit überbrücken kann, waren vor noch nicht allzu langer Zeit Tagesreisen. Das Flugzeug hat nicht zuletzt wesentlich zur engeren Kommunikation der Menschen und Völker beigetragen, eine Kommunikation, die manches alte Vorurteil revidieren half.

Der Flug

von H. Guyford Stever,
James J. Haggerty
und der Redaktion der
TIME-LIFE-BÜCHER

Einführung von Prof. Dr.-Ing. Heinrich Hertel
Technische Universität Berlin

rororo
Rowohlt

Titel der Originalausgabe: ‹Flight›
Aus dem Englischen übertragen von CHRISTEL BUSCHMANN und ROLAND BOESE
Für die Taschenbuchausgabe eingerichtet und bearbeitet von der Sachbuchredaktion des Rowohlt Taschenbuch Verlages (G. Hermann Gieselbusch)
Umschlagentwurf Werner Rebhuhn

1.—30. Tausend Mai 1970
31.—38. Tausend April 1972
39.—45. Tausend März 1974
46.—53. Tausend März 1976

Veröffentlicht im Mai 1970 mit freundlicher Genehmigung von TIME-LIFE BOOKS, Time Inc., New York

Original English language edition published by Time Inc. in the United States
Deutsche Taschenbuchausgabe: Rowohlt Taschenbuch Verlag GmbH, Reinbek bei Hamburg
Satz: Alfred Utesch, Hamburg; Druck: Mühlmeister & Johler, Hamburg; Umschlagdruck und buchbinderische Verarbeitung: Clausen & Bosse, Leck/Schleswig
Printed in Germany
880-ISBN 3 499 18012 X

Inhaltsverzeichnis

Einführung

Seit Lilienthal das erste brauchbare Flugzeug entwickelte und selbst flog und mit über 2000 Versuchsflügen auf seinen Gleitern die Grundlage auch für die ersten Motor-Flüge der Gebrüder Wright schuf, hat sich aus der «Fliegekunst» in der kurzen Zeit von 70 Jahren eine bedeutende Technik entwickelt, die mit der Einbeziehung der Raketentechnik weder Geschwindigkeits- noch Raumgrenzen kennt.

Das Wesentliche dieser Entwicklung herauszustellen und die technisch wichtigsten Zusammenhänge so klarzulegen, daß sie für den Laien ebenso wie für den Fachmann nicht nur verständlich, sondern auch interessant sind, erscheint sehr schwierig, ist jedoch in dem Buch *‹Der Flug›* sehr wohl gelungen.

Das Buch holt weit aus, indem es auf Beispiele aus dem Vorbild der lebendigen Natur hinweist, die in den Urvätern der menschlichen Flugtechnik, wie Sir George Cayley, den Drang zum Wissen und Nachtun weckte und die auch heute noch der große Anreger zum schöpferischen Denken in der Flugtechnik sein kann. Es führt über die Darstellung der Anfänge eingehender wissenschaftlicher Untersuchungen bis zu den neuesten Erforschungen von Strömungen, deren Sichtbarmachung einen Einblick in eine wissenschaftliche Wunderwelt gibt.

Die Übersicht über die Entwicklung der Flugzeugformen von den ersten Anfängen über viele wichtige Stufen, nicht nur bis zu den heute nahezu standardisierten Düsen-Verkehrsflugzeugen, sondern auch den neuesten Projekten von Überschall-Transportern mit schwenkbaren Flügeln, bringt in anschaulicher Weise das Wesentliche.

Auch in die durch die moderne Flugtechnik erschlossene «Welt von oben» gibt das Buch faszinierende Einblicke.

Vielseitigste Rückblicke – Einblicke – Ausblicke, erstaunlich umfassend und anregend! Der klar und verständlich geschriebene Text ist mit Bildern verbunden, die so geschaffen und ausgewählt wurden, daß die «bildhafte Beziehung zum Objekt» besonders erfreulich hervortritt.

Dies ist besonders wichtig, weil die heute deutlich werdende Neigung zur Spezialisierung und Auffächerung der Wissenschaft in immer neue Fachgebiete diese immer unanschaulicher werden läßt. Unser modernes Weltbild fordert für die Zukunft aber vor allem das Erkennen von Zusammenhängen, jener erst in den letzten Jahren in ihrem vollen Ausmaß deutlich gewordenen Wechselbeziehung einzelner Disziplinen, wie die zwischen Biologie und Technik, die auch in dem Buch anklingt.

Dieser Einsicht weitere Geltung verschafft zu haben, erscheint mir wesentlich; zugleich ist dieses Buch ein gutes Beispiel dafür, daß die Anschaulichkeit keineswegs auf Kosten der sachlichen Information zu gehen braucht. Auch der Fachmann wird noch manches ihm Neue in dem Buch entdecken können.

Prof. Dr.-Ing. Heinrich Hertel
Technische Universität Berlin

Noch vor wenigen Jahrzehnten hätte man ein solches Bild als Ausgeburt krankhafter Phantasie abgetan. Heute gehört es zum Alltag. In jeder Sekunde befinden sich Tausende von Menschen in der Luft und fliegen mit früher unvorstellbaren Geschwindigkeiten ihren Zielen entgegen. Kontrollstationen leiten sie über die unsichtbaren Luftstraßen.

1

Ein uralter Traum wird wahr

«Der Mensch ist kein Vogel
Es wird nie ein Mensch fliegen»

So läßt Bertolt Brecht (1898–1956) im Gedicht *‹Der Schneider von Ulm›* den Bischof über den Schneider sprechen, der glaubte, er könne mit «Dingen / Die aussahn wie Schwingen» vom Turm fliegen. Aber so wenig es dem Schneider damals gelang, wirklich zu fliegen, so wenig war das doktrinäre «nie» des Bischofs haltbar. Der Schneider hatte momentan, der Bischof grundsätzlich unrecht.

Der wirkliche Flug, mit Antrieb und Steuerung, ist eine Leistung des 20. Jahrhunderts. Die Anfänge seiner Entwicklung gehen wahrscheinlich auf das Mittelalter zurück, als die ersten einer langen Reihe von «Turmspringern» ihr Leben selbstgebauten Flügeln anvertrauten, die unter der Voraussetzung konstruiert waren, daß die Flügel der Vögel die Ursache des Auftriebs und die flatternden Bewegungen die Quelle der vorwärts treibenden Kraft seien. Diese Beobachtungen waren grundsätzlich richtig, doch gingen ihre Folgerungen nicht weit genug. Die ersten Turmspringer wußten noch nichts von der Größe des Auftriebes, die nötig ist, um einen menschlichen Körper zu heben, und erkannten nicht den wesentlichen Unterschied, der zwischen Vögeln und Menschen besteht.

Die Konstitution des Menschen eignet sich tatsächlich nicht zum Fliegen. Er ist schwer und nicht stromlinienförmig, und auf Grund seiner Knochenstruktur und Muskelbeschaffenheit ist er nicht in der Lage, Flügel zu betätigen. Ein Mensch von durchschnittlicher Größe und einem Gewicht von 70 kg müßte einen Brustknochen haben, der 2 Meter herausstünde, um eine Muskulatur zu stützen, die kräftig genug wäre, Flügel zu bewegen und ihn vom Boden zu heben. Bis zum Jahre 1680 – nachdem Generationen von Turmspringern zu fliegen versucht hatten und abgestürzt waren – hat niemand auf diese Tatsache hingewiesen. Erst der Italiener Giovanni Alfonso Borelli (1608–1679) untersuchte die Flugvoraussetzungen genauer. In seinem postum erschienenen Werk *‹De motu animalium›* (= Von der Bewegung der Tiere) kommt er zu dem Schluß, daß der Mensch mit eigener Kraft niemals werde fliegen können. Borellis Entdeckung mag einige künftige Springer abgeschreckt haben, aber die knochenzerschmetternde Forschung ging weiter.

Bis zum Ende des 18. Jahrhunderts wurden keine oder nur geringe Fort-

Nahezu bewegungslos schweben Seemöwen im Wind. Der Wunsch, es den Vögeln gleichzutun, ist so alt wie die Menschheit. Aber erst in unserem Jahrhundert gelang es, die Kenntnisse aus dem Studium des Vogelfluges zu verwerten.

schritte in der Kunst des Fliegens gemacht. Die einzige nennenswerte Arbeit stammt von Leonardo da Vinci, dem Genie der Renaissance. Leonardo (1452—1519) untersuchte den Flug mit wissenschaftlichem Geist. Er studierte ausführlich die Vogelbewegungen, Luftströmungen und den Luftwiderstand gegenüber bewegten Körpern. Er entwarf einen Fallschirm, ein pyramidenähnliches «Zelt aus Leinen», und behauptete, daß der Mensch damit «aus jeder größeren Höhe abspringen könnte, ohne sich zu verletzen». In einer Reihe von Skizzen konzipierte Leonardo verschiedene Flugmaschinen. Bei der einen war schon ein Höhenruder vorgesehen, das mit Hilfe eines am Kopf des Piloten befestigten Geschirrs bedient wurde und die Maschine lenken sollte.

Obwohl das Denken Leonardos fortschrittlich war, hatten diese Flugzeugentwürfe einen Hauptfehler: Sie waren von der menschlichen Muskulatur als der treibenden Kraft abhängig. Heute ist Leonardos Arbeit nur noch interessant als Illustration seiner universellen Intelligenz.

Nach Leonardo stand die Entwicklung im Flugwesen für mehr als 200 Jahre still. Im späten 18. Jahrhundert nahm die Sehnsucht des Menschen zu fliegen eine neue Richtung. Die uralte Idee, den Vogel zu imitieren, wurde zeitweise aufgegeben zugunsten des Baues von Auftriebsflugkörpern. Damals hatten Experimentatoren die auftreibenden Eigenschaften von erhitzter Luft und Wasserstoff entdeckt, und die Erfinder begannen, diese Erkenntnisse bei der Konstruktion von menschentragenden Ballons anzuwenden. Zwar war es dem Menschen nun endlich möglich geworden, in die Luft aufzusteigen, aber es war nicht die Erfüllung des Traums vom vogelähnlichen Flug.

Dem Geheimnis des Fluges auf der Spur

Historisch betrachtet, ist die Realisierung des wirklichen und durch Kraft getriebenen Fluges vor allem vier Männern zu verdanken: Sir George Cayley (1773—1857), Otto Lilienthal (1848—1896) und den Brüdern Wilbur (1867—1912) und Orville Wright (1871—1948). Etwas weniger Bedeutung hatten die Beiträge von William Samuel Henson (1812—1888), Octave Chanute (1832—1910), Samuel Pierpont Langley (1834—1906), Sir Hiram Stevens Maxim (1840—1916) und Alphonse Pénaud (1850—1880).

Der erste, Cayley, war ein Adliger aus Yorkshire mit unglaublich vielseitigen Interessen. Im Laufe der 84 Jahre seines Lebens untersuchte er so verschiedene Gebiete und Dinge wie die Entwässerung und Nutzbarmachung von Ländereien, Heißluftmotoren, Raupenschlepper und künstliche menschliche Glieder. Er war auch Naturphilosoph, Pädagoge, Mitglied des Parlaments und ein Begründer der Britischen Gesellschaft für den Fortschritt der Wissenschaften.

Cayley wurde von manchen Historikern der «wahre Erfinder des Flug-

In einer chinesischen Sage des fünfzehnten vorchristlichen Jahrhunderts taucht eine Flugmaschine auf, die auf der mittelalterlichen Illustration (links) wie eine Kutsche aussieht. Dabei hat der Zeichner schon an einen propellerartigen Antrieb gedacht. Die rechte Zeichnung ist etwas jüngeren Datums. Sie bleibt beim Kutschen-Prinzip, stellt den Antrieb jedoch eher wie einen Schraubenblatt-Rotor dar.

zeugs» genannt. Dieser Titel mag eine Übertreibung sein, aber Cayley legte unumstritten die Grundlagen für die späteren flugtechnischen Forschungen. Er war der erste, der in theoretischer Form die vielen Einzelheiten zusammenfaßte, die für den praktischen Flug notwendig sind. Er betrachtete die einer Luftströmung ausgesetzten Tragflächen nicht nur als Hub-, sondern auch als Schubinstrumente. Cayley berechnete die Größe der Flügelfläche bei Vögeln, die den notwendigen Auftrieb bei einem bestimmten Gewicht erzeugt, und er stellte fest, daß sich die tragenden Eigenschaften der Flügel mit dem Winkel ändern, in den sie zu den Luftströmungen gestellt werden. Er schlug ein mechanisches Kraftsystem vor, eine Maschine, die er «Erstantrieb» nannte. Cayley erkannte, daß sie notwendigerweise leicht sein mußte, und meinte, sie müßte «durch die plötzliche Verbrennung von explosivem Pulver oder explosiver Flüssigkeit» angetrieben werden, den Verbrennungsmotor. Er wies auch auf die Notwendigkeit von Stabilität und Steuerung hin.

In einer bemerkenswert lakonischen Feststellung faßte Cayley die Aufgaben zusammen, die sich dem Aerodynamiker stellten: «Das ganze Problem liegt innerhalb dieser Grenzen: eine Tragfläche zu bauen, die ein gegebenes Gewicht durch die Wirkung einer Kraft gegen den Luftwiderstand hebt.»

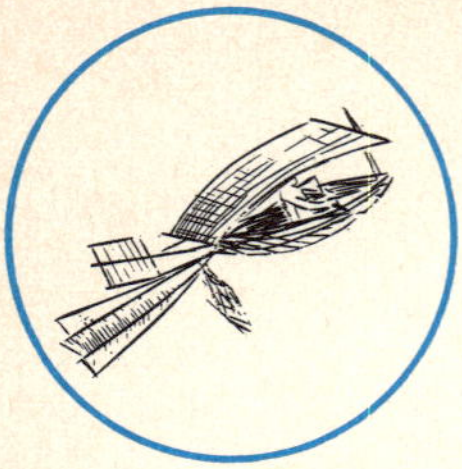

Sir George Cayley (1773–1857) war Amateurgraveur und stichelte im Jahre 1799 den Entwurf eines Flugzeugs mit festen Flügeln auf eine Silberscheibe (links). Im Jahre 1804 baute er das erste Flugzeug – einen 1,50 m großen Gleiter mit Papierdrachen als Flügel.

Im Jahre 1783, als Cayley 10 Jahre alt war, beeindruckten die ersten Ballonflüge die Welt. Jene Freiballonabenteurer regten seine Vorstellungen in bezug auf einen möglichen Flug an, aber er entschied sich frühzeitig, lieber «eine geneigte Fläche, die durch einen leichten Erstantrieb bewegt wird», auszunutzen, als an Auftriebsflugkörpern zu arbeiten.

Wie so viele vor ihm begann Cayley mit sorgfältigen Studien des Vogelflugs. Aber er verband seine Untersuchungen mit Parallelforschungen über das Verhalten von Luftströmungen, die er auf bestimmte Objekte richtete. So baute er Modellflügel, um den Luftwiderstand und Druckverlauf zu untersuchen.

Nach jahrelangen sorgfältigen Untersuchungen baute Cayley 1804 sein erstes Flugzeug, ein Gleitmodell, das viele Historiker als das erste Flugzeug überhaupt betrachten. Die Probeflüge verliefen zufriedenstellend, und so konstruierte Cayley fünf Jahre später ein größeres, aber immer noch unbemanntes Modell mit ca. 18,5 Quadratmetern Flügelfläche und probierte es mit Erfolg aus.

Cayley versuchte, seinem Gleiter einen Antrieb zu geben, aber in dieser Beziehung war er seiner Zeit zu weit voraus. Die einzige verfügbare Kraftquelle war die Dampfmaschine, die zu der Zeit schon recht weit verbreitet war. Aber sie war zu schwer, um in Flugzeugen Verwendung finden zu können. Cayley untersuchte andere Antriebsmöglichkeiten, doch es gelang ihm nicht, ein Kraftsystem zu entwickeln, das leicht genug für ein Flugzeug war. So lenkte er seine Aufmerksamkeit wieder der Aerodynamik zu. Cayley entdeckte die Bedeutung der Stromlinie für den Flugzeugbau, und er entwarf Formen, die der Luft den geringsten Widerstand boten. Er widmete seine Energie außerdem Entwürfen eines beweglichen Leitwerks und theoretisierte über die stabilisierende Wirkung von V-gestellten Tragflächen – das heißt von Flügeln, die in einem flachen Winkel gegen die Waagerechte gestellt sind.

Während Cayley mit diesen theoretischen Überlegungen beschäftigt war, baute und testete er einen zweiten großen Gleiter. Bei einem Flug diente

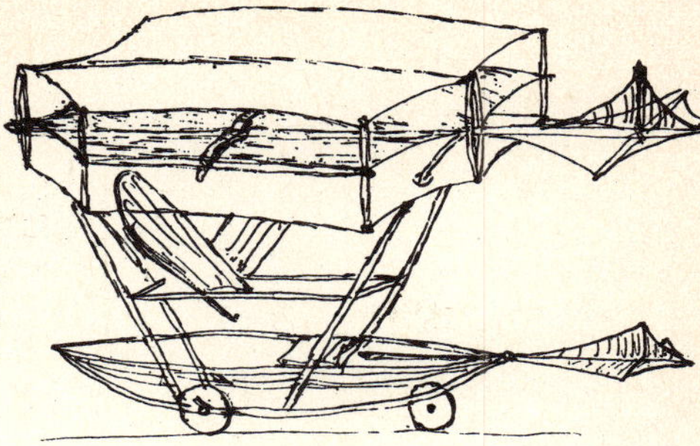

Der erste bemannte Gleitflug wurde mit dieser unwahrscheinlichen Vorrichtung durchgeführt, die Cayley im Jahre 1849 entwarf und baute. Er berichtet, daß «ein Junge von ungefähr zehn Jahren damit einige Meter über der Erde schwebte». Die dreirädrige Maschine – das erste Flugzeug in voller Größe mit Eigenstabilität – rollte man zum Start einen Hügel hinab.

ihm ein kleiner Junge als Testpilot, und es wird berichtet, daß er «einige Meter» an einem Hügel abwärts geflogen sei. Mit diesem Gleiter oder einem etwas veränderten Modell experimentierte Cayley einige Jahre. Um 1853 überredete er dann seinen Kutscher zu einem Flug von einem Hügel über ein kleines Tal. Es sind nur wenige Einzelheiten über diesen Flug überliefert, aber er scheint einigermaßen erfolgreich verlaufen zu sein. Der Kutscher jedoch besaß wenig von der kühlen Entschlossenheit späterer Flieger. Er kündigte sofort und rief, wie Cayleys Enkelin berichtete: «Ich wurde zum Fahren angestellt und nicht zum Fliegen.»

Eine kühne Idee

Im Laufe des neunzehnten Jahrhunderts wuchs das Interesse an der Luftfahrt rapide. Eine Flut von Entwürfen und Theorien wurde produziert. Sensationelle Experimente, die nicht selten unglücklich endeten, folgten. Nur wenig aus dem Ideenwust enthielt brauchbare Ansätze, und doch hat diese ungeheure Breitenarbeit sicherlich nicht unwesentlich zu den späteren Erfolgen beigetragen. Manch vernünftige Idee scheiterte auch nur, weil die technische Entwicklung nicht die notwendigen Voraussetzungen für die Verwirklichung an die Hand gab.

Zu den vielversprechenden Ansätzen gehörte der von William Samuel Henson, dem ersten Anhänger Cayleys. Er entwarf auf der Grundlage von Cayleys Arbeiten einen riesigen «Luft-Dampfwagen», mit dem er «Briefe, Fracht und Passagiere» zu befördern gedachte. Der Apparat spannte über 46 Meter, zwei sechsblättrige Druckpropeller sollten ihn antreiben, eine Dampfmaschine lieferte die Kraft. Der Entwurf war für seine Zeit überaus fortschrittlich, aber er hatte den gleichen Nachteil, den schon Cayley herausgestellt hatte: das zu große Gewicht der Dampfmaschine.

Henson leistete einen entscheidenden Beitrag, als er in seinen Ansprüchen bescheidener wurde. Er arbeitete zusammen mit einem Ingenieur namens John Stringfellow. Die beiden Männer bauten ein sechs Meter

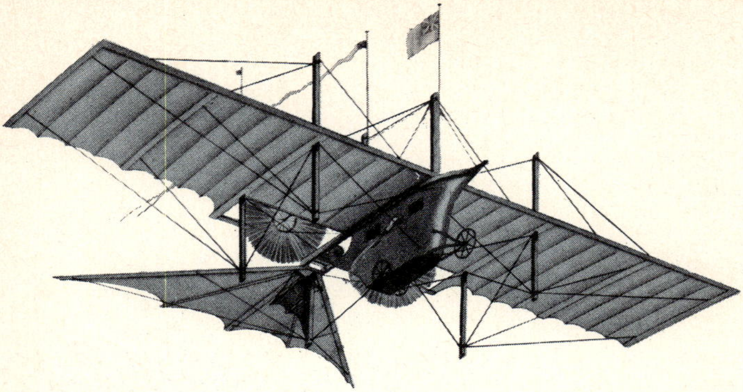

Den modernen Flugzeugbau nahm der Bewunderer Cayleys, William Samuel Henson (1812–1888), im Jahre 1842 vorweg. Sein patentierter Entwurf sollte starre Flügel, die mit Spanten befestigt waren, Zwillingspropeller und Flugsteuerung haben. Zwar wurde er nie ausgeführt, doch seine Grundmerkmale waren 65 Jahren später für viele Flugzeuge selbstverständlich.

großes Modell des «Luft-Dampfwagens», das von einer relativ leichten und kompakten Dampfmaschine angetrieben wurde. Bei einem Versuch im Jahre 1848 «flog» das Modell in gewisser Weise, aber die Maschine überstand den Flug nicht. Es gelang nur, das Hinabgleiten durch den Antrieb zu verlangsamen. Dieser Test war jedoch der erste Versuch, ein Flugzeug mechanisch anzutreiben.

Gummiband-Antrieb

Der nächste Flugpionier war Alphonse Pénaud, der um 1870 in der aeronautischen Forschung Bedeutung errang. Er entwarf das erste Flugzeug mit Eigenstabilität. Die verwundenen Flügelspitzen und das Leitwerk waren beispielgebend für die meisten späteren Flugzeuge. Sein etwa fünfzig Zentimeter langes «Planophore», wie er sein gummibandgetriebenes Druckpropellermodell nannte, wurde im Jahre 1871 der Öffentlichkeit erfolgreich vorgeführt.

Danach lenkte Pénaud seine Aufmerksamkeit auf das bemannte Flugzeug. Er entwarf ein bemerkenswert fortschrittliches Amphibienflugzeug in voller Größe mit vielen Einzelheiten, die auch im heutigen Flugzeugbau Verwendung finden – dem Zugpropeller, Flügel in V-Stellung, einziehbarem Fahrgestell, einem hinteren Leitwerk mit fester senkrechter Steuerflosse, Seiten- und Höhenrudern und einer einzigen Steuerung für alle Flugoperationen. Pénaud schätzte, daß seine Maschine fast hundert Stundenkilometer schnell fliegen könnte – er brauchte nur noch eine finanzielle Unterstützung. Aber er fand sie nicht, und das Flugzeug wurde nie gebaut.

Alphonse Pénauds (1850–1880) fünfzig Zentimeter großes «Planophore» hatte schon Quer- und Längsstabilität; dies war sein Hauptbeitrag zur Entwicklung des Flugs. Er war erst 21 Jahre alt, als er dieses Modell baute. Es wurde mit einem gedrehten Gummiband angetrieben, einer Erfindung Pénauds. Im Jahre 1876 patentierte er seinen Plan für einen Amphibieneindecker in voller Größe (untere Skizze). Er fand jedoch für sein fortschrittliches Projekt keine Unterstützung. Im Alter von dreißig Jahren beging er Selbstmord. Indirekt beeinflußte er die Leistung der Gebrüder Wright, die als Kinder eins seiner gummibandgetriebenen Modelle geschenkt bekamen.

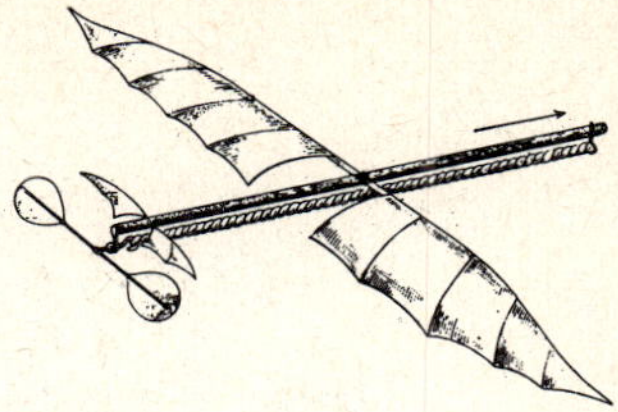

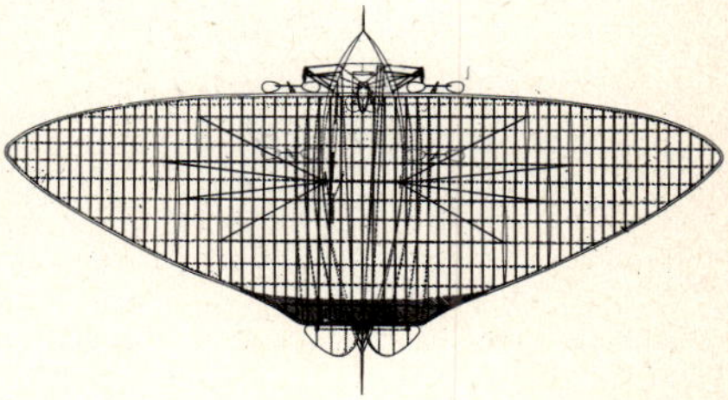

Schwer enttäuscht und außerdem krank, beging Pénaud im Jahre 1880 Selbstmord.

Er starb, ohne zu wissen, daß er einen indirekten Beitrag für die Zukunft des Fluges geleistet hatte. Im Jahre 1878 kaufte ein gewisser Milton Wright, Bischof der United Brethren Church in Cedar Rapids (Iowa), seinen beiden jüngsten Söhnen, Wilbur und Orville, eines der gummibandbetriebenen Modelle Pénauds. Das kleine Spielzeug hinterließ einen nachhaltigen Eindruck bei den Jungen und veranlaßte sie, an größere Modelle zu denken.

Gleitflug

Vor den Gebrüdern Wright kam der größte Beitrag zur Flugtechnik – abgesehen von Cayley – von dem Deutschen Otto Lilienthal. Er machte ausführliche Vogelstudien und veröffentlichte seine Erkenntnisse in dem Buch ‹*Der Vogelflug als Grundlage der Fliegekunst*› (1889), eine Arbeit, die spätere Forscher, auch die Wrights, beeinflußte.

Lilienthals eigentlicher Beitrag aber war seine Entscheidung, sich auf die Gewinnung echter Flugerfahrung zu konzentrieren. Gemeinsam mit seinem Bruder Gustav entwickelte er eine ganze Serie von Gleitern, die er zunächst

Zum Bild auf den beiden folgenden Seiten:
Die ersten Flugversuche des Menschen hatten mehr mit dem unbeholfenen, kurzen Gleitflug eines Flughörnchens gemeinsam als mit dem erhabenen Segeln eines Albatrosses. Was dem Menschen noch fehlte, war das Verständnis für die instinktive Nutzbarmachung von Luftströmungen durch die Vögel. Die Seevögel nutzen Windschichten aus, die sich mit verschiedenen Geschwindigkeiten bewegen, und segeln stundenlang ohne Anstrengung.

im eigenen Garten ausprobierte, indem er sich von einem Sprunggerüst schwang, um sie später im Hinablaufen von einem Hügel selbst zu starten. So testete er bei verschiedenen Gleitern die Abhebegeschwindigkeit und setzte sie in bezug zur Tragfähigkeit. Wenn der Gleiter abhob, hielt sich Lilienthal am Rahmen fest und ließ seine Beine unter dem Flugzeug baumeln. Durch Verlagerung seines Körpergewichts konnte er dem Gleiter Stabilität und Richtung geben. Über einen Zeitraum von sechs Jahren machte Lilienthal mit diesen Gleitern mehr als 2000 Flüge, bei einigen legte er bis zu 350 Meter zurück. Obwohl seine gesamte Flugerfahrung nach heutigen Gesichtspunkten sehr kurz war, brachte er es auf eine längere Flugzeit als alle seine Vorgänger zusammen. Am wichtigsten aber war der Nachweis, daß der Auftrieb eines richtig konstruierten Flügels das Gewicht eines Menschen in die Luft heben kann.

Im Jahre 1896 begann Lilienthal, an einem angetriebenen Gleiter zu arbeiten. Dabei wandte er eine ungewöhnliche Methode an: ein Kohlensäure-Gasmotor sollte die Flügelenden bewegen und eine vogelflugähnliche, flatternde Bewegung bewirken. Aber kurz vor der Vollendung des neuen Planes verließ ihn das Glück. Am 9. August 1896 machte er einen Routineflug mit einem seiner älteren Gleiter, dabei erfaßte ihn eine Windbö, der Gleiter schmierte ab, fiel aus einer Höhe von 15 Metern herab und zerschellte. Am nächsten Tag erlag Lilienthal seinen Verletzungen.

Antriebsprobleme

Zur gleichen Zeit wie Lilienthal lebte ein Mann, der schon vor 1900 große Motorflugzeuge baute und damit experimentierte. Ein amerikanischer Auswanderer, Sir Hiram Stevens Maxim, der in England lebte, konzentrierte sich auf die Entwicklung des Antriebs, vernachlässigte aber die damit verbundenen Probleme des Auftriebs und der Steuerung. Er baute einen aerodynamisch primitiven Doppeldecker mit zwei Dampfmaschinen von je 180 PS, die jede einen Propeller von 5,5 Metern Durchmesser betrieben. Bei einem Testflug im Jahre 1894 erzeugten die Maschinen so viel Kraft, daß sie tatsächlich das schwere Flugzeug vom Boden hoben, obwohl eine Haltevorrichtung das verhindern sollte. Unverständlicherweise hielt Maxim seine Arbeit für getan. Er hatte gezeigt, daß genügend Energie ein Flugzeug von über drei Tonnen anheben konnte, und er schloß seine Versuche ab.

Ein weiterer Flugpionier vor Wright war Octave Chanute, ein amerikanischer Ingenieur, der sich im Jahre 1875 für das Fliegen zu interessieren begann und den Rest seines Lebens damit verbrachte, die Arbeiten anderer Forscher zu sammeln und zu verbreiten. Bis zum Jahre 1896 konnte er sich nicht entschließen, selbst einen Gleiter zu entwerfen. Noch mit sechzig Jahren verfeinerte Chanute einen Doppeldeckergleiter, den Otto Lilienthal entworfen hatte, und gab damit einen wichtigen Beitrag zu den späteren Kon-

Otto Lilienthal (1848–1896) konzentrierte sich darauf, Flugerfahrung zu sammeln. Er baute immer neue Gleiter, die er nach seinen Erfahrungen verbesserte. Seine Erkenntnisse wollte er dann beim Bau einer motorgetriebenen Flugmaschine anwenden. Er kam nicht mehr dazu: Am 9. August 1896 stürzte er bei einem Gleitflug ab und starb einen Tag darauf. Es blieb anderen vorbehalten, aus seinen Erfahrungen die richtigen Schlüsse zu ziehen.

struktionen, indem er eine Bauweise der Brückenbauer übernahm. Diese Methode bestand darin, die Flügel durch Verstrebungen und diagonale Drähte zu versteifen. Sie wurde sogar noch bei Flugzeugkonstruktionen um 1930 angewandt. Chanutes Gleiter machten Hunderte von erfolgreichen Flügen, bei vielen legte er mehr als 90 Meter zurück. Chanute hatte gehofft, den Motorflug weiterentwickeln zu können, aber im Jahre 1900 machte er die Bekanntschaft der Wrights und wurde ihr Berater.

Einer der Großen war auch Samuel Pierpont Langley – Architekt, Physiker, Mathematiker und später Sekretär der Smithsonian Institution (begründet 1846, Sitz Washington). Er betrieb ausgedehnte praktische und theoretische Forschungen über Aerodynamik vom Jahre 1886 an bis zu seinem Tode im Jahre 1906. Von besonderer Bedeutung waren seine Versuche, ein originalgroßes Motorflugzeug zu fliegen, das er ‹Aerodrome› taufte, ein Name, den er all seinen Flugzeugen gab. Auf der Suche nach einem leichten und leistungsstarken Motor entwarf Langleys Mitarbeiter, der Ingenieur Charles Matthews Manly (1876–1927), eine bemerkenswerte Maschine mit einer Leistung von 52 Pferdestärken bei einem Gewicht von nur 57 Kilogramm, ein Verhältnis, das bis zum Ende des Ersten Weltkriegs nicht verbessert werden konnte. Das ‹Aerodrome›, das eine Spannweite von 14,5 Metern hatte, sollte durch ein Katapult von einem Hausboot gestartet werden.

Langleys Flugzeug sollte am 7. Oktober 1903 zum erstenmal von dem Piloten Manly getestet werden. Das Hausboot lag auf dem Fluß Potomac in der Nähe von Widewater (Virginia) vor Anker, und Manly gab das Signal für den Start. Das ‹Aerodrome› zog an, aber die Startvorrichtung hatte eine Hemmung, und so taumelte das Flugzeug in den Potomac.

Nachdem das Flugzeug repariert worden war, wurde ein zweiter Versuch zwei Monate später gemacht. Wieder versagte die Startvorrichtung. Dieses Mal wurde das ‹Aerodrome› stark beschädigt, doch Manly überlebte. Nach Langleys Tod behaupteten seine Anhänger, das ‹Aerodrome› sei das erste Flugzeug gewesen, das einen angetriebenen Flug überstehen konnte. Nur der fehlerhafte Entwurf der Startschleuder habe Langley um den Ruhm gebracht, Erfinder des Flugzeugs zu sein.

Vor dem Durchbruch

Der Weg war nun frei für den wahren bemannten Flug. Der endgültige Erfolg wartete auf Wilbur und Orville Wright, die Fahrrad-Fabrikanten aus Dayton (Ohio). Nach langen Studien entschlossen sie sich im Jahre 1900, einen großen Gleiter zu bauen. Es war ein schwanzloser Doppeldecker mit einem horizontalen Höhenruder vor den Tragflächen. Der Entwurf ähnelte dem Chanutes, aber er enthielt eine wichtige Verbesserung: die Flügel wurden durch eine Drahtverspannung verwunden, um so eine

Die Brüder Wilbur (1867—1912; rechts) und Orville Wright (1871—1948) sind mehr als die Erfinder und Piloten des ersten Motorflugzeuges: Sie schufen eine Grundlage exakten Wissens in der wenig erforschten Wissenschaft der Aeronautik. Obwohl natürlich auch sie nicht ohne die Vorarbeiten anderer auskamen, so brachten sie doch erstmals volle Klarheit in ein Gebiet, das jahrhundertelang von Sagen, Vermutungen und falschen Berechnungen verdunkelt worden war. Völlig auf sich gestellt, entwickelten sie sich allmählich zu überragenden Ingenieuren und Theoretikern.

Seitensteuerung für das Flugzeug zu ermöglichen. Während andere das Körpergewicht verlagerten, arbeiteten die Gebrüder Wright eine originelle Methode aus: der Pilot konnte nun die Flügelendkanten mit Hilfe von Drahtzügen verstellen. Diese Drähte bewegten eine Flügelspitze nach oben und gleichzeitig die andere nach unten, so konnte man, jedenfalls theoretisch, wirksam steuern.

Im Oktober 1900 führten die Gebrüder Wright ein Dutzend kurzer, bemannter Flüge durch und blieben dabei ungefähr zwei Minuten in der Luft. Sie hatten sich für ihre Tests einen Küstenstreifen bei Kitty Hawk (North Carolina) ausgesucht, da dort die Winde gleichmäßig und beständig wehten und wenige Hindernisse, wie z. B. Bäume, störten. Obwohl der Gleiter weniger Auftrieb entwickelte, als sie vorher geschätzt hatten, waren die Brüder ermutigt worden und kehrten nach Dayton zurück, um ein größeres Flugzeug zu bauen.

Bei ihren ersten Bemühungen, die Form der Modellflügel zu erkennen und auszuwerten, benutzten die Gebrüder Wright diese auf ein Fahrrad montierte Vorrichtung. Eine gewölbte (rechts) und eine flache (links) Tragfläche wurden auf ein frei drehendes Rad montiert; die unbekannten Auftriebskräfte der gewölbten Oberfläche konnten auf diese Art und Weise mit der bekannten Auftriebseigenschaft des flachen Stückes verglichen werden.

Ihr zweiter Gleiter, den sie im Juli und August 1901 wieder in Kitty Hawk flogen, enttäuschte. Das größere Flugzeug war schwerer zu steuern und hatte weniger Stabilität. Weitere Forschungen waren notwendig. Die Gebrüder Wright hatten neben ihren eigenen Untersuchungen auch die Ergebnisse anderer bei ihren Arbeiten verwendet, allerdings ohne sie zu prüfen. Nun sahen sie sich die Arbeiten ihrer Vorgänger ein zweites Mal an. «Wir bemerkten», schrieben sie später, «daß die Berechnungen, nach denen alle Flugmaschinen gebaut worden waren, unzuverlässig waren und daß alle einfach im dunkeln tappten. Nachdem uns der bedingungslose Glaube an die bestehenden wissenschaftlichen Daten genommen war, mußten wir eines nach dem anderen anzweifeln, bis wir endlich, nach zweijährigem Experimentieren, alles verwarfen ... Wahrheit und Irrtum waren überall so eng verbunden, daß sie nicht zu unterscheiden waren.»

In Dayton bauten die Gebrüder Wright nun einen Windkanal und testeten verschiedene Flügelformen bei Eindeckern, Doppeldeckern und Dreideckern. Diese Arbeit brachte sie zu der wichtigen Erkenntnis, daß sie einen wirksameren und stabileren Flügel bauen konnten, wenn sie ihn weniger wölbten oder bogen und dabei das Verhältnis von Flügellänge zu Flügelbreite vergrößerten. Diese Einsicht kam zusammen mit der Technik des Flügelverwindens und anderen Erkenntnissen dem Entwurf ihres dritten Gleiters zugute, einem Doppeldecker mit einer Flügelspannweite von ungefähr zehn Metern.

Bei den Kill Devil Hills in der Nähe von Kitty Hawk machten die Gebrüder Wright mit ihrem dritten Gleiter fast 1000 Flüge in einem Zeitraum von 39 Tagen im September und Oktober des Jahres 1902. Die Versuche ver-

Hände verdrehen eine Schachtel und ahmen die Entdeckung nach, die zur Verwindung der Tragflächen führte. So erklärte es Wilbur Wright, als er Octave Chanute (1832–1910) schrieb: «Wenn Sie eine quadratische, röhrenartige Pappschachtel machen . . . und zwei Seiten als Tragflächen bezeichnen, werden Sie die (verdrehende) Wirkung sofort erkennen, wenn Sie das eine Ende der oberen Tragfläche nach vorn und das andere nach hinten bewegen . . ., ohne daß die seitliche Steifigkeit verlorengeht.» Das Problem der Verwindung war in Ansätzen schon lange vor den Wrights bekannt. Beobachtungen des Vogelflugs legten den Schluß nahe, daß Flügelschlagen nicht als Rudern zu verstehen sei, sondern daß die Flügel immer senkrecht geschlagen werden, wobei sich die Flügelenden kräuseln, so daß der Vogel auf den Luftwellen vorwärts gleitet. Bereits 1902 war die Tragflächenverwindung in Deutschland patentiert worden.

liefen sehr erfolgreich. Die Wrights hatten einen Weg gefunden, mit der Stabilität und Steuerung fertig zu werden, und sie waren jetzt für den großen Schritt vorbereitet: die Anwendung des Antriebs. Nachdem sie den Bedarf an Energie ausgerechnet hatten, bauten die Gebrüder Wright ihren eigenen Motor. Er wog nur etwa 80 Kilo, obwohl er 13 PS erzeugte. Gleichfalls von Bedeutung waren die Propeller. Nach langen Untersuchungen entwickelten sie einen Propeller, dessen Blatt aerodynamisch einem Flügel glich. Für den Erfolg der Wrights war der hohe Wirkungsgrad des Propellers ebenso wichtig wie die von ihnen entwickelte Aerodynamik und die neue Antriebsanlage.

Das erste Motorflugzeug der Gebrüder Wright wurde im Sommer 1903 konstruiert. Es war ein Doppeldecker mit einer Spannweite von 12,5 Metern, und es wog 275 Kilogramm. Die Motorkraft wurde mit Fahrradketten auf die beiden Druckpropeller übertragen. Für den Start wurde der ‹Flyer›, wie sie ihn später nannten, auf einen kleinen Wagen gestellt, der auf einer hölzernen Startmaschine stand. Im September 1903

So sah es in der Werkstatt der Wrights aus. Der Windkanal im Vordergrund ist eine naturgetreue Nachbildung des Originals. Auf Windkanalversuche kamen die Brüder, als sie 1901 feststellten, daß ein von ihnen gebauter Gleiter weniger Auftrieb als errechnet erzeugte. Sie hatten sich auf Daten Otto Lilienthals gestützt, die den Nachteil hatten, daß sie bei Probeflügen gewonnen worden waren. Wie die Wrights feststellten, brauchte man aber genau kontrollierbare Bedingungen, was im Freien nicht möglich ist. Im Windkanal kann man alle störenden Faktoren ausschließen und jede Beanspruchungsmöglichkeit getrennt prüfen. Es ging den Gebrüdern Wright vor allem um optimale Tragflächengestaltung. Sie brachten die ganz vorne sichtbare Meßvorrichtung in den Windkanal und dosierten die Windgeschwindigkeit je nach Bedarf. Die senkrecht angebrachte Modelltragfläche drückte je nach Auftriebsleistung auf das Meßgestänge. Durch ein Fenster wurden die Ergebnisse abgelesen. Mit diesem wissenschaftlichen Vorgehen haben die Wrights viel gespart. Sie konnten bald für jede Tragflächenform die zu erwartende Auftriebsleistung voraussagen.

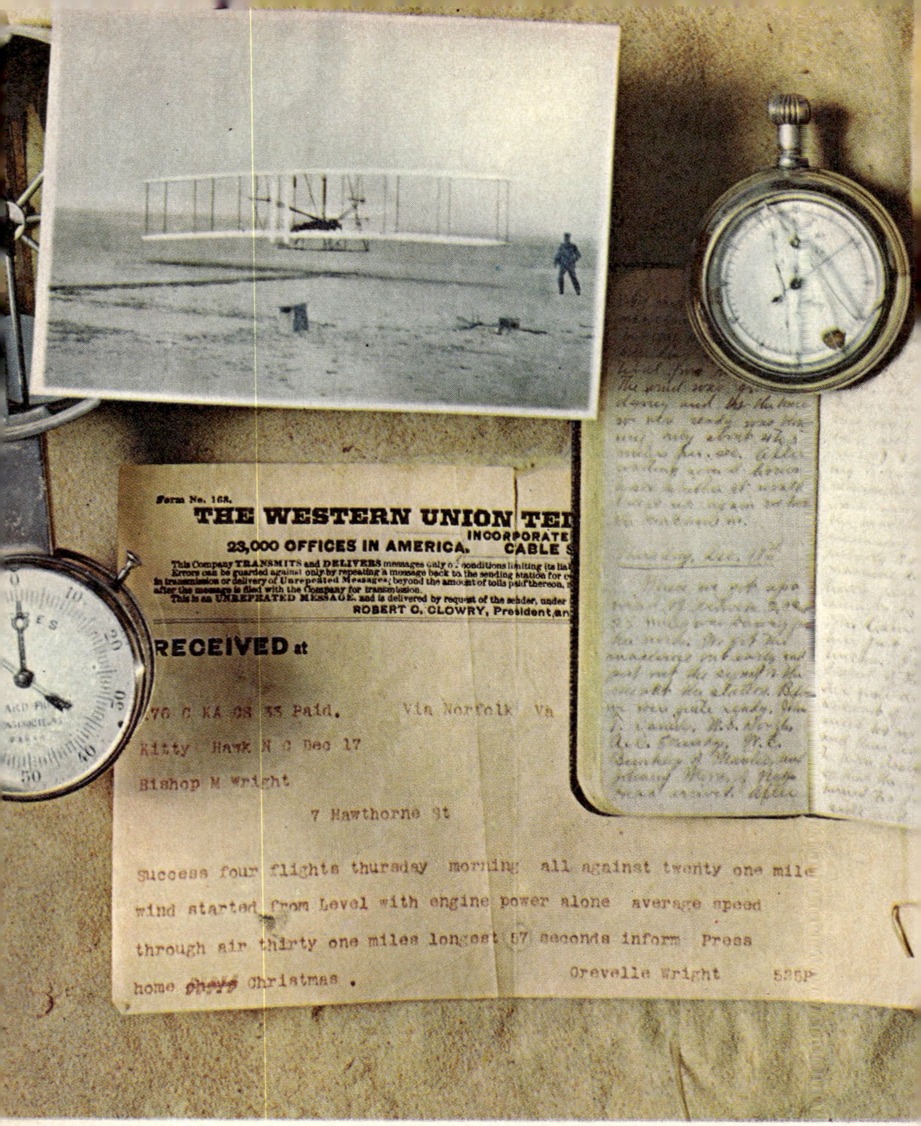

Zeugnisse eines großen Augenblicks: Auf einem Stück Sandstrand von Kitty Hawk hat der Fotograf Requisiten des ersten Motorfluges der Geschichte angeordnet. Ganz links sieht man einen Teil des Anemometers, mit dem die Wrights die Windgeschwindigkeit maßen. Oben daneben eine Aufnahme, die den ersten Flug festhält. Orville fliegt die Maschine, Wilbur läuft nebenher. Weiter rechts die Stoppuhr und das Tagebuch – Donnerstag, 17. Dezember 1903. Teilweise vom Tagebuch verdeckt liegt in der Bildmitte das Telegramm an den Vater, das von dem großen Erfolg berichtet und darum bittet, die Presse zu informieren. Die Nachricht, zunächst bezweifelt, verbreitete sich dann wie ein Lauffeuer.

transportierten sie das Flugzeug in Teilstücken zu ihrem Lager bei Kill Devil Hills.

Endlich machte Wilbur, der durch das Hochwerfen einer Münze das Vorrecht gewonnen hatte, am 14. Dezember den ersten Versuch. Der ‹Flyer› rollte auf der Startmaschine entlang, stieg kurz an, verlor dann an Fluggeschwindigkeit und fiel auf den Sandstrand. Wilbur, der unverletzt blieb, gab zu, daß er und nicht das Flugzeug den Tadel verdiente.

17. Dezember 1903

Der ‹Flyer› war nur etwas beschädigt und schon drei Tage später für den nächsten Flugversuch bereit. Dieses Mal war Orville an der Reihe. Nach einem kurzen Anlauf auf der Startschiene hob der ‹Flyer› ab und schwankte 37 Meter weit über den Sand von Kill Devil Hills. «Dieser Flug dauerte nur 12 Sekunden», berichtete Orville, «aber trotzdem war es das erste Mal in der Weltgeschichte, daß eine Maschine, die einen Menschen trug, sich selbst mit eigener Kraft zum Fluge in die Luft erhoben hatte und, ohne die Geschwindigkeit zu vermindern, dahinschwebte und schließlich an einer Stelle landete, die ebenso hoch lag, wie die, von der aus sie gestartet war.»

Die Wrights flogen an dem Tag noch dreimal, änderten dabei die Steuerung und stellten jedesmal einen Längenrekord im angetriebenen Flug auf. Beim vierten Flug blieb Wilbur 59 Sekunden lang in der Luft und legte dabei 260 Meter zurück.

In den Jahren nach Kitty Hawk hat das Flugzeug eine dramatische Entwicklung erlebt. Der ‹Flyer› der Gebrüder Wright erreichte eine Geschwindigkeit von 48 km pro Stunde. Moderne Militärflugzeuge überschreiten heute Geschwindigkeiten von 3200 km pro Stunde, und ein Passagier eines Verkehrsflugzeuges kann den Atlantischen Ozean in wenigen Stunden überfliegen. Die Konstruktion und der Betrieb des Flugzeuges sind ein Hauptfaktor in Handel und Wirtschaft. Die Einnahmen allein der amerikanischen Fluggesellschaften betragen mehr als 32 Milliarden DM jährlich, der Reinverdienst ist höher als 1,2 Milliarden DM. Die Hersteller verkaufen Flugzeuge im Werte von mehr als 24 Milliarden DM im Jahr, beschäftigen fast eine dreiviertel Million Arbeiter und exportieren Handelsflugzeuge im Werte von gut acht Milliarden DM.

2

Das Wesen des Fluges

Im Büro eines Flugzeugkonstrukteurs hängt eine gerahmte Zeichnung, die den fortwährenden Kampf um Kompromisse veranschaulicht, die die Entwicklung des Flugzeugs kennzeichnen. Das Bild zeigt die Karikatur des idealen Flugzeugs. So stellt sich der Aerodynamiker ein extrem stromlinienförmiges Schiff mit Flügeln, dünn wie Rasierklingen, und einem messerähnlichen Rumpf vor – nicht die kleinste Unebenheit, die den Luftwiderstand vergrößern könnte. Der Triebwerkspezialist gesteht widerwillig ein winziges Cockpit zu, aber der Rest seines Entwurfes ist eine riesige Maschine. Für den Statiker ist das Flugzeug einfach ein Paar gekreuzter Träger, stark genug gebaut, um die Schläge einer Dampframme zu überstehen. Der Navigationsspezialist brächte an der Außennaht am liebsten verschiedene Antennen an. Im Mittelpunkt seines Entwurfes steht ein riesiges Cockpit, das mit allen möglichen Typen von Instrumenten überfüllt ist.

Dieser Unsinn übertreibt natürlich die Einstellungen der Konstruktionsspezialisten, die mit dem Kompromiß leben müssen. Aber folgendes ist sehr wichtig: Wenn ein Flugzeug eine nutzbringende Aufgabe erfüllen soll, muß es als integriertes Ganzes entworfen sein und nicht als Sammlung von Einzelkonstruktionen, die nur für sich allein wirksam arbeiten. Der endgültige Entwurf muß die Wechselwirkung der 4 grundlegenden Faktoren der Flugzeugkonstruktion berücksichtigen: Aerodynamik, Antrieb, Festigkeit, Steuerung.

Leichter als Luft

Wenn diese wesentlichen Konstruktionsaufgaben bei einem Flugzeug richtig gelöst sind, wird es die Erdanziehungskraft überwinden können und fliegen. Aber der Flug – mit oder ohne Antrieb – hat nicht nur den Sinn, den Menschen über die Erdoberfläche zu heben. Bevor die ersten wirklichen

Segelflugzeuge basieren auf einer möglichst hohen Auftriebsleistung. Da ihnen Motorunterstützung fehlt, müssen sie jeden aerodynamischen Vorteil nützen. Ihre Außenhaut muß völlig glatt sein, ein vorstehender Schraubenkopf, eine leicht verzogene Tragfläche oder auch nur Staub auf der Oberfläche können den Unterschied zwischen Segeln und Fallen ausmachen. Unter günstigen Bedingungen können solche Gleiter Hunderte von Kilometern fliegen und in große Höhen aufsteigen.

N56300

Lange bevor sich das erste Motorflugzeug in die Luft erhob, unternahm man Ballonflüge. Ballons beruhen auf dem Prinzip, nach dem ein Gegenstand, der leichter als Luft ist, emporsteigt. Damit kam man zwar vom Boden los, doch in der Luft waren die Ballons ein Spielball der Winde. Man versuchte auf sehr verschiedene Weise des Steuerungs- und Antriebsproblems Herr zu werden. Hier sieht man den Franzosen Jean-Pierre Blanchard (1753–1809) mit seinem Kopiloten, dem Amerikaner John Jeffries (1744–1819). Sie bemühen sich, mit Vogelschwingen ähnelnden Rudern ihren Ballon anzutreiben und auf Kurs zu halten. Blanchard und Jeffries gelang die erste Luftüberquerung des Kanals am 7. Januar 1785.

Flugzeuge gebaut wurden, konnte man schon die Erdanziehungskraft durch Auftriebsballons überspielen. Und heute überfüllen noch schnellere und leistungsfähigere Düsenflugzeuge die Flugwege, Raumfahrtforscher starten Raketen, die die Erdanziehung mit ungeheurer Kraftentfaltung überwinden, indem sie durch Schubkraft das Eigengewicht des Flugkörpers übertreffen.

Trotzdem waren es die Auftriebsballons, die den Traum vom Fliegen zuerst verwirklichten. Diese großen, menschentragenden Vehikel wurden gebaut, nachdem man im späten 18. Jahrhundert entdeckt hatte, daß Wasserstoff leichter als Luft ist. Der englische Naturwissenschaftler Henry Cavendish (1731–1810) untersuchte in den sechziger Jahren des achtzehnten Jahrhunderts die Zusammensetzung der Luft und des Wassers. Als er den dabei isolierten Wasserstoff in eine Schwimmblase füllte, entdeckte er, daß Wasserstoff weniger als Luft wiegen muß, denn der Ballon flog.

Für Cavendish war dies jedoch ein rein physikalisches Phänomen, und er erkannte die Bedeutung für die Luftfahrt nicht. Das blieb dem französischen Physiker Jacques Alexandre César Charles (1746–1823) vorbehalten, der die Auftriebskraft des Wasserstoffs 17 Jahre später nutzbar machte und dem es dadurch gelang, einen Ballon, die sogenannte ‹Charlière›, fliegen zu lassen. Es waren aber die Gebrüder Montgolfier aus Frankreich, die zum erstenmal den Auftriebsballon tatsächlich flogen.

Es wurde so oft erzählt und wiedererzählt, wie die Montgolfiers auf das Ballonfliegen kamen, daß es schwer ist, Tatsachen und Phantasie zu trennen. Die bekannteste Version der Geschichte ist, daß Joseph Michel Montgolfier (1740–1810) an einem Abend im Jahre 1782 untätig in den Kamin starrte, wobei er den Rauch beobachtete, der sich träge nach oben kräuselte. Die Geschichte erzählt weiter, daß Joseph sich ein Stück Seide von seiner Hauswirtschafterin geben ließ und daraus einen Behälter ohne Boden formte. Er hielt dann den Behälter über das Feuer, dieser füllte sich mit heißer Luft und Rauch. Als Joseph ihn losließ, schwebte der Behälter an die Decke.

Auch sein Bruder Jacques Étienne (1745–1799) war beeindruckt, und eilig machten sich die Brüder an ehrgeizigere Experimente und probierten größere Ballons aus. Nach sechs Monaten ließen sie einen Ballon bis zu einer Höhe von mehr als 1600 Metern steigen, wobei ihnen ein Feuer im Freien als Heißlufterzeuger diente. Dieses Kunststück wurde von einer großen Zuschauermenge beobachtet.

Ballon-Vorführung in Versailles

Als Ludwig XVI. von den Flügen der Montgolfiers erfuhr, befahl er eine Vorführung in Versailles. Für dieses Schauspiel bauten die Brüder einen wundervoll geschmückten Ballon, und sie entschlossen sich, bei dieser Gelegenheit herauszufinden, ob Tiere in einer höheren Luftschicht leben können. Am 19. September 1783 wurden ein Schaf, eine Ente und ein Hahn von Versailles aus in die Luft geschickt, und zwar in einem faßähnlichen Korb, der an dem Ballon hing. Der Flug dauerte acht Minuten, und der Ballon flog zweieinhalb Kilometer weit. Nach der Landung stellte sich heraus, daß die Tiere keinerlei Krankheitssymptome zeigten. Die Montgolfiers machten sich sofort daran, einen menschentragenden Ballon zu bauen.

Das neue Modell sollte für einen längeren Flug seinen eigenen Heizofen haben. Es dauerte zwei Monate, bis der Ballon fertiggestellt war. Mehrere Versuche wurden dann durchgeführt, wobei der Ballon mit Haltestricken am Boden festgebunden blieb. Endlich glaubten die Montgolfiers, alle Vorbereitungen getroffen zu haben. Die Nachricht von dem bevorstehenden Flug hatte sich über ganz Frankreich verbreitet, und die allgemeine Aufregung war groß. König Ludwig XVI. selbst nahm reges Interesse an dem Unternehmen und bot sogar zwei verurteilte Verbrecher als Passagiere an. Darüber erregte sich Jean François Pilâtre de Rozier (1756–1785), ein junger Historiker und Ballon-Enthusiast.

«Sollen nichtswürdige Verbrecher die Ehre haben, das erste Mal in den Himmel zu steigen?» tobte er. «Ich werde selbst fliegen!»

Am 21. November 1783 bestiegen Pilâtre de Rozier und ein anderer Freiwilliger vor einer jubelnden Menge, die sich auf dem Schloßplatz von

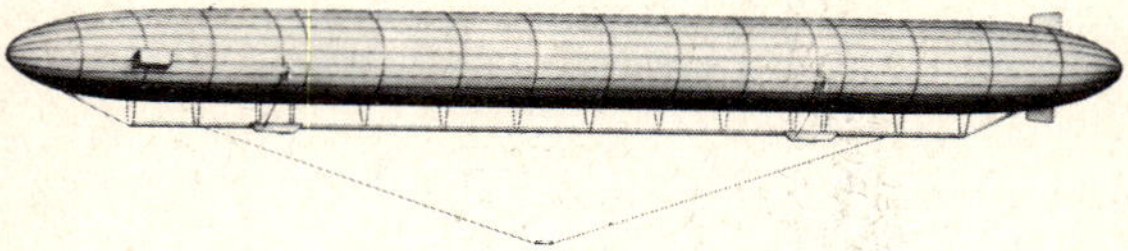

1900: Der erste Zeppelin, 128 Meter

Die Entwicklung des Zeppelins (benannt nach dem Erfinder Ferdinand Graf von Zeppelin [1838–1917]) wird durch die beiden deutschen Luftschiffe dargestellt. Ein festes Aluminiumgerüst umschließt riesige Gasbehälter und schafft eine Stromlinienform. Der Zeppelin war das erste Luftfahrzeug, mit dem kommerzielle Passagierflüge unternommen wurden. Die Jungfernfahrt des ersten Zeppelins bewies die Tauglichkeit der Starrluftschiffe Dar-

Paris versammelt hatte, die runde, buntbeflaggte «Galerie» unter dem Ballon. Die Halteleinen wurden abgeworfen, und der große Ballon begann aufzusteigen.

Zuerst hob er nur langsam ab, und Rozier mußte das Feuer mit Stroh schüren. Der Ballon stieg nun schneller, aber gleichzeitig brachen kleine Feuer neben der Feuerstelle aus. Die beiden Flieger liefen an der Galerie mit nassen Schwämmen entlang und erstickten die Flammen.

Nachdem das Feuer gelöscht war, bereitete der Flug reines Vergnügen: Der Ballon segelte 25 Minuten lang über die Dächer von Paris, bevor er sicher neun Kilometer weit entfernt landete. Dem Menschen war es zum erstenmal in der Geschichte gelungen, frei zu fliegen.

Zehn Tage nach dem Montgolfier-Flug fand der zweite bemannte Flug statt. Dieses Mal beobachteten 200 000 Franzosen den bahnbrechenden Physiker Jacques Alexandre César Charles und einen Begleiter bei einem zweistündigen, 43 km weiten Flug mit einem wasserstoffgefüllten Ballon. Sie landeten sicher. Aber als Charles' Begleiter aus der Gondel stieg, erleichterte er sie gleichzeitig so sehr, daß der Ballon sich mit Charles wieder in die Luft erhob. So war Charles durch Zufall der erste Mensch, der einen Alleinflug machte. Es war bereits dunkel, und der Ballon stieg bis zu einer Rekordhöhe von 2750 Metern. Nach einiger Zeit kam Charles zur Erde zurück, aber er war so erschüttert, daß er schwor, niemals mehr einen Ballon zu besteigen.

Trotz Charles' Rücktritt wurde das Ballonfliegen eine Mode, die sich über ganz Europa verbreitete. Bald gab es Berufsballonflieger, die Schauflüge veranstalteten.

Da Ballons Opfer des launischen Windes sind, erkannten schon die ersten Ballonflieger die Notwendigkeit irgendeines Antriebes. Radschaufeln, Ruder und Segel wurden ausprobiert. Ein Theoretiker schlug vor, Schwärme von angebundenen Vögeln zu verwenden. Auf den wirklich angetriebenen

1936: ‹Hindenburg›, 245 Meter

aufhin wurden größere gebaut. Einige von ihnen wurden zur Aufklärung und Bombardierung im Ersten Weltkrieg verwendet. Als die prächtige ‹Hindenburg› im Jahre 1936 vom Stapel gelassen wurde, bedeutete dies den Höhepunkt der Luftschiffahrt, deren Entwicklung schon ein Jahr später plötzlich zu Ende war, als das wasserstoffgefüllte Luftschiff in Flammen aufging.

Flug mußte man jedoch bis 1852 warten, bis zur «Hochzeit» der Dampfmaschine mit dem Ballon.

Das tragische Ende einer Entwicklung

Die höchste Entwicklungsstufe des angetriebenen Ballons war im Jahre 1910 erreicht, als Deutschland den Handelsluftschiffverkehr einführte. Später gehörte sogar die 236 Meter lange ‹Graf Zeppelin› der Luftflotte an. Sie war nach Ferdinand Graf von Zeppelin (1838–1917) benannt, dem Vater des Starrluftschiffes. Es handelte sich dabei um einen Ballon, der wie seine Vorgänger um einen festen Rahmen gebaut war. Die ‹Graf Zeppelin› machte eine Reihe von erfolgreichen Reisen von ihrem Heimatland zum Mittelmeer und nach Nord- und Südamerika. 1936 lief die 245 Meter lange ‹Hindenburg› vom Stapel. Man benutzte wie bei den Vorgängerinnen eine Wasserstoffüllung. Die ‹Hindenburg› sollte das letzte der großen Luxusluftschiffe sein. Welche Annehmlichkeiten aber die Luftschiffe gegenüber den heutigen Flugzeugen zu bieten hatten, mag die folgende Beschreibung der ‹Hindenburg› zeigen: Wie auf einem Schiff bewohnten die Passagiere Kabinen, in denen man nichts vom heimischen Wohnkomfort zu vermissen brauchte. Fließendes kaltes und warmes Wasser wurde selbstverständlich geboten. Während das Schiff mit 125 Stundenkilometern ruhig dem Ziel entgegenschwebte, konnte man in der Bar einen Frühschoppen nehmen oder im Gesellschaftsraum der Musik einer Kapelle zuhören. Ein windgeschütztes Promenadendeck lockte zu Spaziergängen an der frischen Luft. Hier genoß der Fahrgast das ganze Hochgefühl des Fliegens, ganz anders als in den hermetisch abgeschlossenen, dahinschießenden Düsenriesen unserer Tage, deren Wirtschaftlichkeit und Geschwindigkeit das Luftschiff verdrängt haben.

Während der 14 Monate Dienstzeit machte die ‹Hindenburg› 63 Flüge, davon 37 über den Atlantik. Am 6. Mai 1937 flog sie wieder einmal Lakehurst an, ein Landeplatz im amerikanischen Bundesstaat New Jersey. Ein heraufziehendes Gewitter ließ eine beschleunigte Landung geraten erscheinen. Die Ankertaue waren bereits ausgeworfen, als ein dumpfer Knall ertönte und eine riesige Stichflamme die Führerkabine einhüllte und in rasender Geschwindigkeit das ganze Luftschiff in ein Flammenmeer verwandelte. Aus Kabinen und Salons sprangen Fahrgäste und Besatzung. Es war ein unvorstellbares Durcheinander. In sprachlosem Entsetzen sah die große Zuschauermenge der Vernichtung zu. 36 Tote waren die traurige Bilanz. Das Zeitalter der Luftschiffahrt hatte mit einem Schlag ein Ende gefunden.

Am 6. Mai 1937 explodierte in Lakehurst (New Jersey) das deutsche Luftschiff ‹Hindenburg›. Fast 200 000 Kubikmeter Wasserstoffgas vereinigten sich mit dem Sauerstoff der Luft zu einer gewaltigen Feuersbrunst. In weniger als fünf Minuten verloren 36 Menschen ihr Leben. Das Luftschiff wurde völlig zerstört. Die Ära der Zeppeline war zu Ende. Nur für besondere Zwecke werden noch ab und zu Luftschiffe gebaut. Man füllt sie mit unbrennbarem Helium, das zwar nicht ganz so leicht ist wie Wasserstoff, das jedoch solche Katastrophen wie die hier gezeigte ausschließt.

Nachdem sich die X-15 von ihrem Träger unter einer riesigen B-52 gelöst hat, die sie bis in eine Höhe von 9300 Metern gebracht hat, wird sie bei ihrem Flug Mach 5 oder noch mehr erreichen. Die raketengetriebene X-15 unterscheidet sich von einer Rakete oder einem Raketenflugkörper dadurch, daß sie für den aerodynamischen Flug konstruiert wurde: sie hat noch Flügel. Wenn der Treibstoff verbrannt ist, gleitet das Flugzeug, langsamer werdend, zur Erde in eine glatte Landung mit ungefähr 320 Stundenkilometern. Die X-15 wurde nicht eingesetzt, sie diente als Forschungsflugzeug.

Gewicht, Auftrieb, Widerstand, Schub

Abgesehen von der mangelnden Sicherheit, haben Auftriebsballons noch andere Nachteile als Lufttransportmittel. Im Verhältnis zu ihrer Größe besitzen Ballons und lenkbare Luftschiffe nur geringe Auftriebskräfte. Um irgendwelche Nutzlast tragen zu können, müssen solche Fahrzeuge enorme Ausmaße haben. Daraus resultiert wiederum eine große hemmende Kraft

— der Luftwiderstand, der die Geschwindigkeit, im Vergleich mit Flugzeugen, sehr niedrig hält. Sie nehmen daher eine Art Mittelstellung zwischen Schiff und Flugzeug ein.

Andererseits gibt es Raketentriebwerke, die zwar enorm hohe Geschwindigkeiten entwickeln können, aber ebenfalls große Nachteile haben. Um die Kraft zu produzieren, die für den Flug nötig ist, müssen riesige Mengen von Treibstoff verbrannt werden. Folglich ist die Dauer des angetriebenen Fluges auf wenige Minuten beschränkt, da die Treibstoffmenge, die ein Flugzeug tragen kann, ebenfalls begrenzt ist. Die gedrungene Messerschmitt Me 163 ‹Komet›, die während des Zweiten Weltkriegs eingesetzt wurde, um die alliierten Bomber anzugreifen, konnte nur den Treibstoff für eine Flugdauer von zehn Minuten tragen, und ihre Reichweite war so auf 160 Kilometer beschränkt. Nach dem Krieg entwickelten die USA ein Versuchsflugzeug mit Raketentriebwerk, die X-15. Sie wurde von einem großen Düsenflugzeug aus in großer Höhe gestartet und erreichte etwa die sechsfache Schallgeschwindigkeit, also ungefähr 6400 Stundenkilometer (Schallgeschwindigkeit in dieser Höhe etwa 1060 Kilometer pro Stunde). Sie wurde aber nie eingesetzt, sondern hatte nur Forschungszwecke zu erfüllen, die auf eine breitere Verwendungsmöglichkeit des Raketenantriebs abzielten.

Praktisch ist das wirtschaftliche Fliegen in der Atmosphäre hauptsächlich auf den Flug beschränkt, der durch die Aerodynamik, oder genauer «Luftbewegung», erreicht wird. Um ein flugfähiges, aerodynamisch wirksames Flugzeug zu bauen, müssen vier fundamentale Faktoren in Betracht gezogen werden: Gewicht, Auftrieb, Widerstand und Schub.

Das Gewicht schließt Flugzeug, Treibstoff und Nutzlast ein.

Auftrieb heißt die Kraft, durch die ein Flugzeug die Erdanziehung überwinden kann.

Widerstand ist die hemmende Kraft der verschiedenen vermischten Luftströmungen.

Schub (oder Vortrieb) nennt man die Kraft, die das Flugzeug durch die Luft treibt und den Widerstand überwindet.

Wir wollen nun untersuchen, wie ein Flugzeugkonstrukteur diese vier Faktoren berücksichtigt:

Der Auftrieb, sowohl bei einem Vogel als auch bei einem Flugzeug, wird in erster Linie durch den Luftstrom um die Flügel erzeugt — mit einer geringen zusätzlichen Hilfe des Körpers und des Leitwerks. Der Luftstrom für den Auftrieb kann auf zwei Arten gewonnen werden. Eine unpraktische Methode wäre es, Wind gegen ein stehendes Flugzeug zu blasen. Denn selbst bei einem nur mittelgroßen Flugzeug wie der bekannten alten DC-3 müßte der Wind so stark wie ein Hurrikan sein, um den Auftrieb zu erzeugen, der die Maschine vom Boden höbe. Weitaus mehr Erfolg verspricht die Addierung von Eigenkraft und Luftwiderstand. Bei ausreichender An-

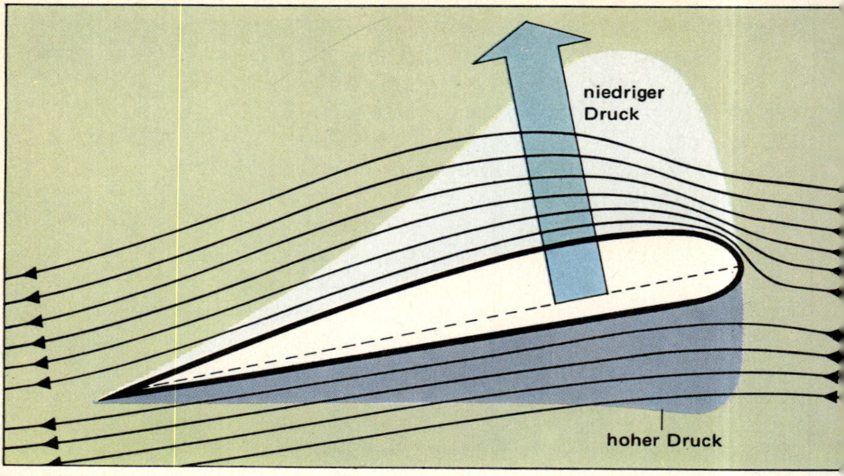

Der Luftstrom erzeugt über einer Tragfläche einen Raum mit niedrigem Luftdruck (helle Fläche), ein Hochdruckraum (dunkle Fläche) liegt unter ihr, weil die Luft über der Tragfläche einen weiteren Weg zurückzulegen hat. Hier ist die resultierende Kraft (Pfeil) nach oben gerichtet. Ändert sich die Haltung der Tragfläche, dann ändert sich die Richtung der auftreibenden Kraft, die immer senkrecht zur Tragfläche wirkt.

triebsleistung läßt sich dann sogar genügend Auftrieb beim Start mit dem Wind, d. h. in Windrichtung erreichen.

Der Ausdruck «Auftrieb» ist ganz wörtlich zu nehmen. Ein Flugzeug wird in der Tat hauptsächlich durch den Wind, der um die Flügel streift, in die Luft gehoben, «aufgetrieben». Der Flügel ist so gebaut, daß der Luftstrom den Zustand einer Ungleichheit schafft. Der Druck oberhalb der Tragfläche ist geringer als unterhalb. So wird der Flügel nach oben getrieben und mit ihm das Flugzeug.

Während der Auftrieb eine verhältnismäßig eindeutige Erscheinung ist, handelt es sich bei dem Widerstand um eine Kombination von Kräften, die die Vorwärtsbewegung des Flugzeugs besonders an den Tragflächen verzögern. Es gibt drei Arten von Widerstand, jede verschieden von der anderen, aber alle stellen eine hemmende Kraft dar.

Das letzte für den Flug grundlegende Element ist der Schub. Ob ein motorgetriebener Propeller, ein Düsenaggregat oder ein Raketentriebwerk wie bei der X-15 den Schub liefert – er muß das Flugzeug so beschleunigen, daß die notwendige Luftströmung für den Auftrieb entsteht. Gleichzeitig muß der Schub den Widerstand überwinden, der ebenfalls durch die bewegte Luft hervorgerufen wird. Bei einem gleichmäßigen Flug ist dann der Schub ebenso groß wie die Kraft des Widerstandes.

Hierbei handelt es sich um eine Anwendung des bedeutenden ersten Bewegungsgesetzes von Newton, welches besagt, daß ein sich bewegender Körper so lange in gleichförmiger Bewegung verharrt, bis eine Kraft von außen dagegenwirkt. Hat ein Flugzeug einmal die Reisegeschwindigkeit und -höhe erreicht, so ist es ein Körper in Bewegung, der seine Geschwindigkeit hielte, wenn nicht eine Kraft dagegen wirkte: der Widerstand. Um jetzt mit der gleichen Geschwindigkeit weiterzufliegen, muß der Flugzeugmotor nur so viel Schubkraft liefern, wie nötig ist, um die hemmende Kraft des Widerstandes zu überwinden. Auftrieb und Gewicht müssen ebenfalls ausgeglichen sein.

Das Problem der Stabilisierung

Dieses sind die Grundvoraussetzungen. Um jedoch richtig fliegen zu können, muß ein Flugzeug auch stabil sein. In der Zeit vor den Gebrüdern Wright war das Fehlen einer leichten Antriebsquelle das Hauptproblem des Fluges. Aber selbst wenn eine solche Maschine zur Verfügung gestanden hätte, wären viele Flugzeugkonstruktionen des 19. Jahrhunderts nicht zu verwirklichen gewesen. Der Franzose Clément Ader (1841–1925) glaubte zum Beispiel bis zu seinem Tode, daß es ihm im Jahre 1897 gelungen wäre, sein dampfgetriebenes ‹Avion III› zu fliegen. Diesen Anspruch betrachten die Historiker mit Vorsicht, denn Aders Maschinen wären wohl selbst bei geeignetem Antrieb den Belastungen eines Fluges nicht gewachsen gewesen. Dafür waren Flügel- und Steuerungstabilität zu unvollkommen.

Der dampfmaschinengetriebene Doppeldecker Sir Hiram Stevens Maxims entwickelte zwar eine ausreichende Antriebsenergie, doch hätte er sich in die Luft erhoben, wäre er bald wegen mangelnder Stabilität abgestürzt. Die Flughistoriker glauben, daß das ‹Aerodrome› von Professor Samuel Pierpont Langley fähig gewesen wäre, abzuheben, doch hätte es nie ein erfolgreiches Flugzeug werden können, da auch ihm die eigentliche Stabilität und Steuerung fehlten.

Die Stabilität ist die Eigenschaft eines Flugzeugs, sich selbst aufzurichten und gleichmäßig weiterzufliegen, wenn irgend etwas – eine Windbö zum Beispiel – sein Gleichgewicht stört. Es gibt drei Arten von Störbewegungen: das «Nicken», bei dem das Flugzeug die Nase hebt oder senkt, das «Gieren», bei dem es seitlich ausbricht, und das «Rollen», bei dem sich das Flugzeug um seine Längsachse dreht und dabei die Flügel zu der einen oder anderen Seite senkt.

V-Stellung verhindert das Rollen

Das Gieren und die Nickbewegungen werden in erster Linie von der stabilisierenden Wirkung des Leitwerks verhindert, dabei hat das Flugzeug die gleiche Funktion wie das gefiederte Ende eines Pfeiles. Der Luftstrom, der an dem festen, senkrechten Teil des Leitwerkes vorbeistreicht, verhindert die schüttelnde Bewegung des Gierens, wobei die feste, horizontale Stabilisierungsflosse des Leitwerkes die Auf- und Abbewegung des Nickens dämpft.

Der Stabilitätsfaktor, der dem Rollen entgegenarbeitet, ist ein wenig komplizierter: er wird durch die Neigung der Flügel hervorgerufen, die deutlich zu sehen ist, wenn man ein Flugzeug von vorn betrachtet. Die beiden Tragflächen bilden ein aufgebogenes V. Rollt ein Flugzeug zum Beispiel nach links, so senkt sich die linke Tragfläche, während die rechte sich hebt. In dieser Lage bietet die gesenkte linke Tragfläche dem Wind eine größere Antriebsfläche als die angehobene rechte. Der vermehrte Auftrieb aber zwingt das Flugzeug, in die Waagerechte zurückzurollen.

Die aerodynamisch wohl günstigste Gestaltung ist schon bei den ersten Flugzeugen erreicht worden — bei dem Typ, dessen Entwicklung das Leben Otto Lilienthals und vieler anderer Flugpioniere kostete. Es handelt sich um den Gleiter oder, besser, um das Segelflugzeug. Sogar auf dem Boden mutet es wie ein aerodynamisches Wunder an. Die Tragflächen und der Rumpf sind so glatt wie Glas. Nicht die kleinste Niete, die Wirbel im Luftstrom verursachen könnte, läßt sich auf der Oberfläche blicken.

Es gibt sehr viele falsche Vorstellungen über den Flug eines Segelflugzeugs. Man glaubt häufig, daß sie auf «Aufwinden», steigenden, thermischen Luftströmungen, schweben. Das ist aber nur ein Teil des Vorganges. Ein Segelflugzeug schwebt auf thermischen Strömungen, um Höhe zu gewinnen. Aber es fliegt, indem es nach unten gleitet. Da es keine Antriebsmaschine hat, kann ein Segelflugzeug nur dadurch einen Windstrom um seine Flügel erzeugen, daß es sich in Gleitfluglage bringt. Es handelt sich dabei um den flachsten Sturzflug, den man sich vorstellen kann. Gewöhnlich ist der Winkel so klein, daß — vergleicht man das Segelflugzeug mit einem Auto auf einem Hang — die Neigung nicht einmal genügte, um einen Wagen ins Rollen zu bringen. Folglich wird ein Segelflugzeug, das gut ausgewogen und aerodynamisch leistungsfähig ist, auf einem thermischen Aufwind steigen, obwohl sich das Flugzeug eigentlich in «Sturz»-Fluglage befindet. Ein leistungsstarkes Segelflugzeug ist in der Lage, an einem windstillen Tag 24 Kilometer weit aus einer Höhe von nur 760 Metern zu gleiten.

Es gibt noch weitere Vorurteile über Segelflugzeuge, zum Beispiel, daß sie langsam seien. Dies ist eine weitere Halbwahrheit. Während die Geschwindigkeiten, mit denen sie normalerweise fliegen, tatsächlich gering sind — ungefähr 60 bis 80 km/h —, können einige Segelflugzeuge Sturzflüge mit Geschwindigkeiten bis zu 240 km/h machen. Sie verhalten sich dabei ebenso sicher wie Motorflugzeuge. Auch die Manövrierfähigkeit von Segelflugzeugen wird oft unterschätzt. Sie können sehr wohl die meisten der Flugkunststücke ausführen, die motorgetriebene Flugzeuge beherr-

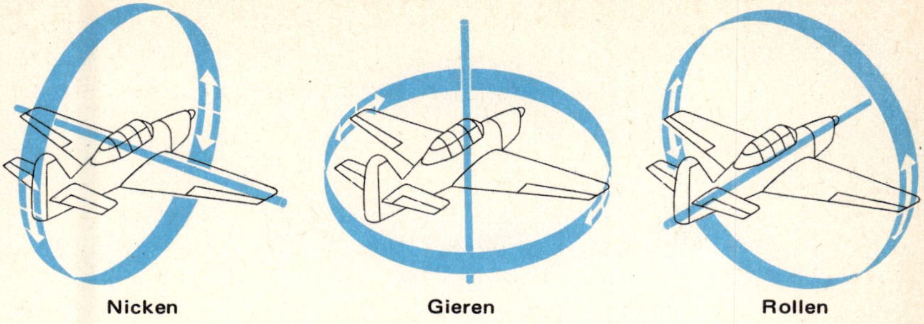

Die drei Hauptbewegungen, die ein Flugzeug ausführen kann – das «Nicken», «Gieren» und «Rollen» –, sind grundsätzlich Rotationsbewegungen um eine seiner drei Achsen, wie hier gezeigt. Beim Nicken bewegt sich die Nase um die Querachse nach unten oder oben. Ein gierendes Flugzeug dreht sich von der einen Seite zur anderen um eine Hochachse, die senkrecht durch seinen Rumpf verläuft. Es rollt, wenn es sich um seine Längsachse dreht und die Flügelspitzen sich entsprechend senken oder heben.

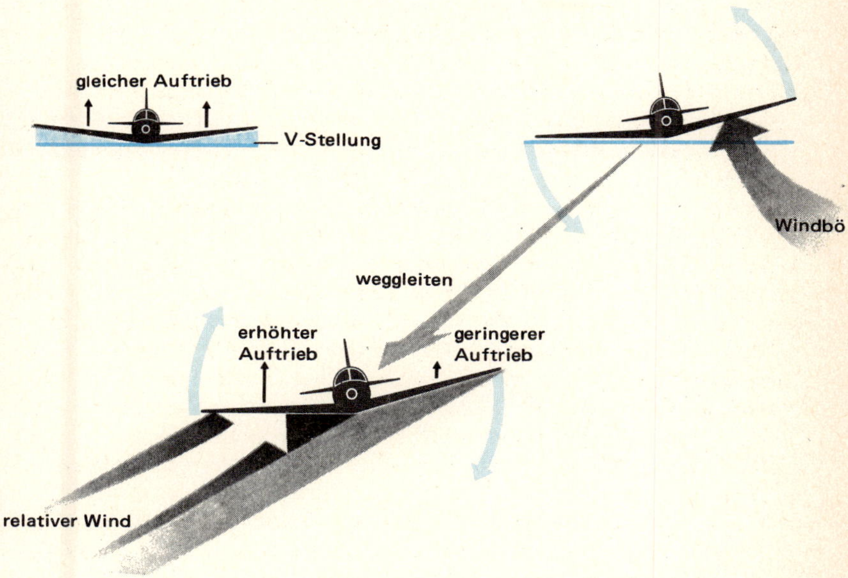

Die Rollstabilität wird durch die «V-Stellung» oder das Hochwinkeln der Tragflächen erreicht. Beim Geradeausflug haben beide Tragflächen den gleichen Auftrieb. Drückt eine Windbö einen Flügel nach oben, rollt das Flugzeug und gleitet zur Seite in Richtung der niedrigeren Tragfläche. Das Weggleiten erzeugt einen zusätzlichen Luftstrom unter der unteren Tragfläche. Dieser «relative Wind» und der größere Auftrieb unter der niedrigeren Tragfläche drehen das Flugzeug in seine normale Fluglage zurück.

Durch das Ausnutzen der Erdanziehung können besondere Arten von Eichhörnchen (rechts) mit ausgebreiteten, membranartigen «Flügeln» den freien Fall in einen gesteuerten Gleitflug umwandeln. Wenn sie von Baumspitzen aus starten, können die Flughörnchen weiter als 45 Meter gleiten. Die Flughörnchen steuern mit den Beinen und halten mit dem

schen, einschließlich des Außenloopings, eines der schwierigsten Manöver überhaupt. Ein Außenlooping beginnt mit dem normalen Geradeausflug des Segelflugzeugs. Dann macht es nacheinander einen Sturzflug, fliegt auf dem Rücken und kehrt anschließend in die Ausgangsposition zurück.

Außerdem können Segelflugzeuge in Höhen fliegen, die nur wenige Propellerflugzeuge erreichen. Paul F. Bikle, der Direktor des Nationalen Forschungszentrums für Flugtechnik und Raumflug, hält augenblicklich den Rekord. Am 25. Februar 1961 erreichte Bikle eine Höhe von über 14 000 Metern mit einem Segelflugzeug, das mit einem Sauerstoffgerät ausgerüstet war. Er startete von Lancaster am Rande der Mohavewüste in Kalifornien. Bikles Segelflugzeug wurde von einem Motorflugzeug auf eine Höhe von 3000 Metern geschleppt und dann ausgeklinkt. Mehr als eine Stunde lang steuerte er das Hochleistungsflugzeug geschickt in aufsteigende Luftströmungen, stieg dabei höher und höher, bis die Nadel seines Höhenmessers 14 122 Meter anzeigte. Er hätte sogar noch höher fliegen können, aber seine Flugvorschrift gestattete ihm nur fünf Minuten Flugdauer über einer Höhe von 12 200 Metern, da er keinen Druckanzug trug.

Sein Flug war natürlich ungewöhnlich, doch steigen Wochenendsegelflieger häufig zu Höhen von 5500 bis 6000 Metern auf. Segelflugzeuge ver-

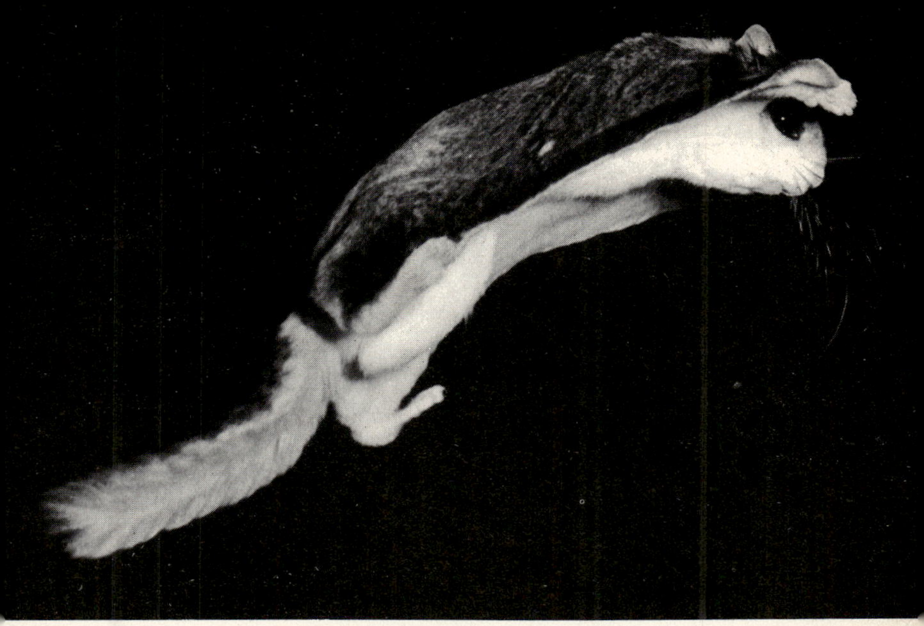

Schwanz die Balance. Ein fliegender Fisch (links) kann genauso weit wie ein Flughörnchen gleiten, muß aber zuerst die Kraft für den Start selbst entwickeln. Durch starke Propellerbewegungen mit dem schlagenden Schwanz schießt der Fisch durch das Wasser und entfaltet seine breiten Flossen, wenn er in die Luft kommt.

zeichnen Überlandflüge von 1000 Kilometern und Dauerflüge bis zu 76 Stunden.

Spezialkonstruktionen

Das Segelflugzeug ist natürlich eine Spezialkonstruktion. In gewisser Beziehung trifft das aber auf alle Flugzeugkonstruktionen zu. Alle Verfeinerungen der modernen Wissenschaften und des Ingenieurwesens lassen sich immer noch von dem gleichen, grundlegenden Prinzip herleiten, das die Gebrüder Wright befolgten: der Notwendigkeit, ein Flugzeug für eine besondere Aufgabe zu entwerfen. Der Zweck des ‹Flyers› der Gebrüder Wright im Jahre 1903 war lediglich, einen Menschen in die Luft zu heben und ihn mit Hilfe des Motorflugs eine gewisse Strecke zu tragen. Als dies erreicht war, entwickelte sich die Flugzeugkonstruktion dahin, in steigendem Maße spezielle Aufgaben zu erfüllen. Die Bedingung des Kompromisses aber bleibt bestehen, auch wenn ein besonderer Zweck verfolgt wird.

Hohe Geschwindigkeit wird im allgemeinen auf Kosten der Reichweite erlangt, die Manövrierfähigkeit auf Kosten der Geschwindigkeit. Die Nutzlast — Passagiere, Fracht, Bewaffnung, Navigations- und Führungsinstru-

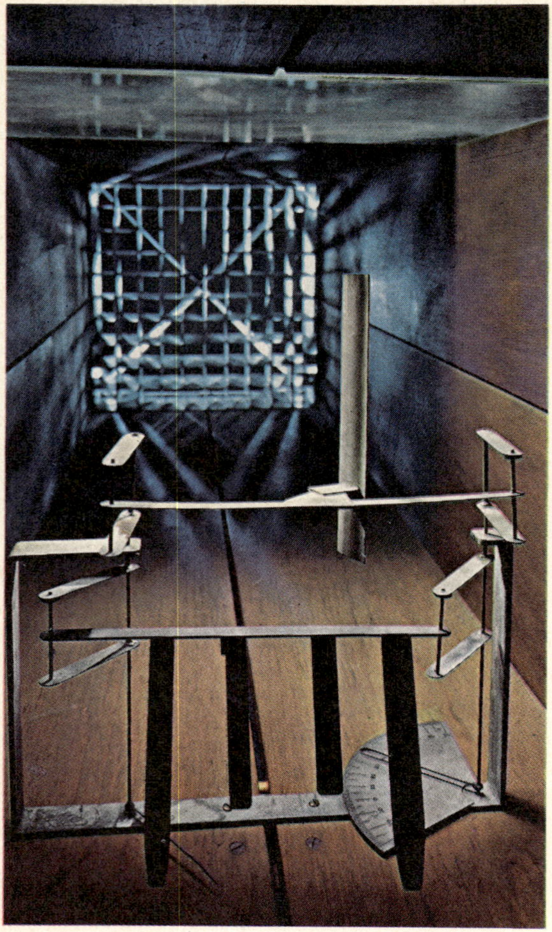

So arbeiteten die Gebrüder Wright mit dem Windkanal: An die oberste Querstange der Meßvorrichtung brachten sie senkrecht die jeweilige Modelltragfläche an. Bei verschiedenen Windgeschwindigkeiten verglichen sie den Auftrieb der Modelltragfläche mit dem bekannten Widerstand der vier flachen Flächen darunter. Auf der Skala des Gestells lasen sie die resultierenden Werte ab. — Der Windkanal spielt auch heute noch im Flugzeugbau eine große Rolle. Man erzeugt darin Windgeschwindigkeiten von mehreren Mach und simuliert alle nur denkbaren Strömungsverhältnisse, denen ein Flugzeug ausgesetzt sein kann.

mente, das Kabinendrucksystem und andere Bordausrüstungen — bedingt die Anforderungen an Auftrieb und Schub, davon wiederum sind Aerodynamik, Triebwerke und Struktur abhängig. Die Ergebnisse all dieser Überlegungen müssen in der Flugmaschine koordiniert werden.

Die Bedeutung des Kompromisses bei der Flugzeugkonstruktion wurde während des Korea-Krieges in dramatischer Weise demonstriert, als sich die F-86 Sabrejet der amerikanischen Luftwaffe und die sowjetische MiG 15 (gebildet aus den Namen der Konstrukteure A. I. *Mi*kojan und M. J. *G*urewitsch) als Gegner gegenüberstanden. Die beiden Flugzeuge waren ungefähr gleich groß, aber die F-86 erwies sich als erheblich schwerer. Die Hersteller, die North American Aviation, hatten die Sabre mit Platten gepanzert und ein automatisch rechnendes Waffenrichtsystem, das einige hundert Kilo wog, zusätzlich eingebaut. Die Konstrukteure der MiG hatten darauf verzichtet. Die sowjetischen Maschinen waren schwächer gepanzert und besaßen eine einfachere, leichtere Zieleinrichtung. Dadurch konnte die MiG höher fliegen und besser manövrieren. Aber am Ende des Jahres hatten die Piloten der F-86 einen Rekord dadurch aufgestellt, daß sie für jede verlorene Sabre 14 MiGs abschossen, ein Verhältnis, das sogar die Luftwaffen-Stabsoffiziere und die Sabre-Lieferanten verblüffte.

Sicherlich hatten auch die Piloten einen großen Anteil am Ergebnis, zumal die MiGs oft von unzureichend ausgebildeten Soldaten geflogen wurden, aber zweifellos hat die Panzerung der F-86 viele Maschinen gerettet, die sonst verloren gewesen wären. Die tödliche Genauigkeit des schweren Waffenrichtsystems gab den amerikanischen Piloten einen bedeutenden Vorteil gegenüber den sowjetischen Maschinen.

3

Die Lehre von den Luftströmungen

Es gibt eine alte Redensart in der Flugwelt: «Gib mir einen Motor, der stark genug ist, und ich werde mit einem Scheunentor fliegen.» Daran ist einiges wahr, denn genügend Energie, auf einen Propeller übertragen, vermag selbst ungünstigste Flügelformen in die Luft zu heben. Es empfiehlt sich allerdings, den möglichst vorteilhaften Kompromiß zwischen Auftrieb und Widerstand zu suchen.

Wie in Kapitel 2 erklärt wurde, sind Auftrieb und Widerstand die vorherrschenden aerodynamischen Kräfte, die auf ein Flugzeug einwirken. Deshalb sind sie die Hauptfaktoren, die bei der Konstruktion eines Flugzeugs zu berücksichtigen sind. Insbesondere beeinflussen sie die Form der Flügel, die Hauptauftriebsflächen des Vogels und auch des Flugzeugs. Die natürlichen Flügel entsprechen dem Bedürfnis des einzelnen Vogels, schreiben aber zugleich seine Flugart vor. Einer Möwe zum Beispiel wäre es unmöglich, zu schweben und dabei in Kolibriart den Nektar aus einer Blume zu saugen. Auch beim bemannten Flug hat die Konstruktion der Flügel den größten Einfluß auf die Flugleistungen.

Auftrieb

Von Laien wird oft der Begriff des Auftriebs nicht verstanden. Es ist anscheinend ein weitverbreiteter Irrtum, zu glauben, daß der Auftrieb durch den Wind hervorgerufen wird, der von unten gegen die Tragfläche eines Flugzeuges stößt. Dies trifft nur teilweise zu. Man übersieht dabei die Kraft, die an der Oberseite des Flügels wirkt, wo tatsächlich der meiste Auftrieb entsteht. Der Auftrieb ist das Ergebnis des unterschiedlichen Luftdrucks oberhalb und unterhalb der Tragfläche. Oberhalb der Tragfläche entsteht ein Raum mit niedrigem Luftdruck, den man sich nach dem Prinzip des Schweizer Mathematikers Daniel Bernoulli (1700–1782) erklärt. Im Jahre 1738 veröffentlichte Bernoulli eine Schrift mit dem Titel ‹*Hydrodynamica*›, in der er die Kräfte sich bewegender Flüssigkeiten untersuchte. Ein Ergebnis seiner Arbeit war die Formel, die als Bernoullische Gleichung bekannt ist, die erklärt, wie sich der Druck einer sich bewegenden Flüssigkeit (auch von Gasen) mit ihrer Bewegungsgeschwindigkeit ändert.

Wenn Wasser durch einen Schlauch fließt, erzeugt es überall an der

Die Rauchlinien in einem Windkanal sollen den Luftstrom um ein Flügelmodell zeigen. Strömungsverhältnisse an der Tragfläche eines Flugzeugs sind ausschlaggebend dafür, ob das Flugzeug in der Luft bleiben wird und welche Auftriebsleistung von einer bestimmten Tragflächenform zu erwarten ist. Eine glatte Umströmung erzeugt Auftrieb. Aber wenn sie, wie in diesem Fall, von der oberen Fläche des Flügels abreißt, entsteht Turbulenz, und der Auftrieb ist zerstört: der Flügel wurde «überzogen», wie es heißt.

Schlauchwand einen gleichmäßigen Druck. Wird das Wasser in dem Schlauch beschleunigt — so sagt die Bernoullische Gleichung —, nimmt der Druck ab. Man kann die Geschwindigkeit des Wassers in dem Schlauch vergrößern, indem man den Schlauch an einer Stelle abdrückt und dadurch den Raum verengt, durch den das Wasser fließen muß. So wird eine Druckabnahme auf die Schlauchwand erreicht. Der gleiche Effekt wäre durch ein Hindernis in dem Schlauch zu erzielen. Dies also ist das Prinzip, nach dem die Tragfläche eines Flugzeugs den Auftrieb erzeugt. In der Tat ist ein fliegendes Flugzeug ein Hindernis in einem bewegten Luftstrom. Hätte das Tragflächenprofil eines Flugzeugs die Form eines Wassertropfens, so wäre die Geschwindigkeit der vorbeifließenden Luft oben und unten gleich, und auch der niedrigere Luftdruck, der durch Beschleunigung erreicht wird, wäre auf beiden Seiten gleich.

Teilt man jedoch diesen wassertropfenförmigen Flügel in zwei symmetrische Hälften, so entsteht eine Form, die der ursprünglichen Tragfläche eines Flugzeugs ähnelt. Bei dieser Form haben die Luftmoleküle, die über die obere, gekrümmte Fläche streichen, einen weiteren Weg, und sie müssen sich schneller bewegen, um mit den Molekülen Schritt zu halten, die sich an der flachen Unterseite der Tragfläche entlang bewegen. Die Beschleunigung der Luft über dem Flügel hat einen entsprechenden Abfall des Luftdrucks zur Folge. Diese Druckdifferenz erzeugt den Auftrieb.

Hoher Druck von unten

Obwohl der meiste Auftrieb durch den Unterdruck oberhalb der Tragfläche erzeugt wird, entsteht ein gewisser Teil auch unterhalb, und zwar durch die Luft, die an der Unterseite der Tragfläche entlangstreicht. Hier resultiert die Wirkung aus der Umkehrung des Vorgangs, der sich oberhalb der Tragfläche abspielt. Der Luftstrom an der Unterseite des Flügels wird kurz vor der Flügelvorderkante gestoppt. Dann nimmt er allmählich an Geschwindigkeit zu, bis er nahe an der Hinterkante des Flügels die gleiche Schnelligkeit wie die Luft oberhalb der Tragfläche erreicht hat. Entsprechend der Bernoullischen Gleichung erzeugt die Luft während ihres Durchlaufs unterhalb der Tragfläche einen Überdruck und damit einen positiven Druck, der nach oben gegen die Tragfläche wirkt.

Es gibt verschiedene Faktoren, die die Größe des Auftriebs beeinflussen. Die Flügelfläche ist einer von ihnen, denn je größer eine Tragfläche ist, desto größer wird auch der Auftrieb sein. Die Geschwindigkeit ist ein weiterer Faktor, denn je schneller die Luft über das Oberteil einer Tragfläche entlangstreicht, desto größer ist der Druckunterschied. Ein dritter Faktor ist der «Anstellwinkel», die Neigung des Flügels nach oben oder unten, wenn er durch die Luft streicht. Innerhalb gewisser Grenzen wird der Druckunterschied zwischen dem oberen und unteren Teil des Flügels um

Die Bernoullische Gleichung erklärt die Erzeugung des Auftriebs durch eine Tragfläche. Eine Flüssigkeit fließt durch die Verengung in einem Rohr und wird dadurch schneller, zugleich verringert sich der Druck auf die Rohrwandung.

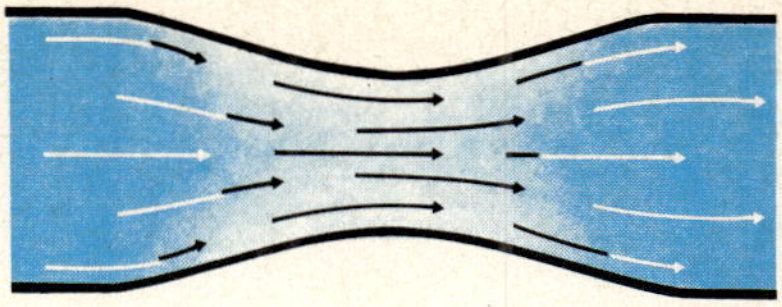

Der eingeengte Luftstrom wird hier durch zwei gegenüberliegende Flugzeugtragflächen bewirkt: Die Luft, die sich zwischen den Flügeln hindurch bewegt, beschleunigt sich, und dies hat einen geringeren Druck auf die gewölbten Flächen zur Folge.

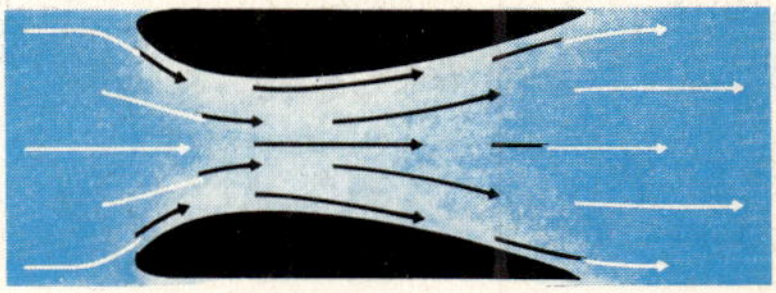

Das gleiche Prinzip ist erkennbar, wenn der Luftstrom durch eine einzelne Tragfläche gestört wird. Der beschleunigte Luftstrom über der Tragfläche bewirkt einen geringeren Druck als der Luftstrom unter der Tragfläche. Dieser dauernde Druckunterschied erzeugt und erhält den Auftrieb.

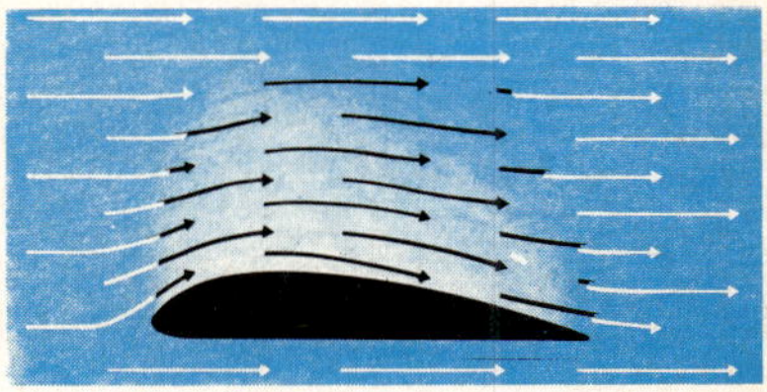

so größer, je größer die Neigung der Tragfläche, d. h. je größer der Anstellwinkel ist. Dies hat einen einfachen Grund. Bei einer geneigten Tragfläche hat die über das Oberteil streichende Luft einen längeren Weg und wird deshalb mehr beschleunigt. Und je größer der Druckunterschied ist, desto größer ist der Auftrieb.

Der Pilot ändert natürlich während eines Fluges ständig den Anstellwinkel. Aber bei der Landung ist der Auftrieb, der durch einen größeren Anstellwinkel erzeugt wird, besonders wichtig. Es scheint widersinnig zu sein, daß ein Pilot, der eine Landebahn ansteuert, bemüht ist, mehr Auftrieb zu erzeugen — ein Manöver, das man allgemein mit dem Steigen des Flugzeugs verbindet. Da er aber bestrebt ist, mit der geringsten noch sicheren Geschwindigkeit zu landen, vermindert er fortwährend die Fluggeschwindigkeit, und zwar bis zu dem Augenblick, wo er aufsetzt. Da er die Vorwärtsbewegung verlangsamt, verliert er Auftrieb. Dies muß er ausgleichen, indem er den Anstellwinkel der Tragflächen vergrößert. Außerdem benutzt er die Landeklappen.

Jeder Flugpassagier kennt die Klappen an der Hinterkante der Flügel. Während eines Langstreckenfluges sind sie normalerweise eingefahren. Die meisten Landeklappen werden nach hinten ausgefahren und gesenkt, wenn der Pilot mehr Auftrieb braucht. Der zusätzliche Auftrieb ist zum Teil auf eine größere Flügelfläche zurückzuführen, die durch die Landeklappen entsteht. Das Abwinkeln der Landeklappen nach unten vergrößert zudem den

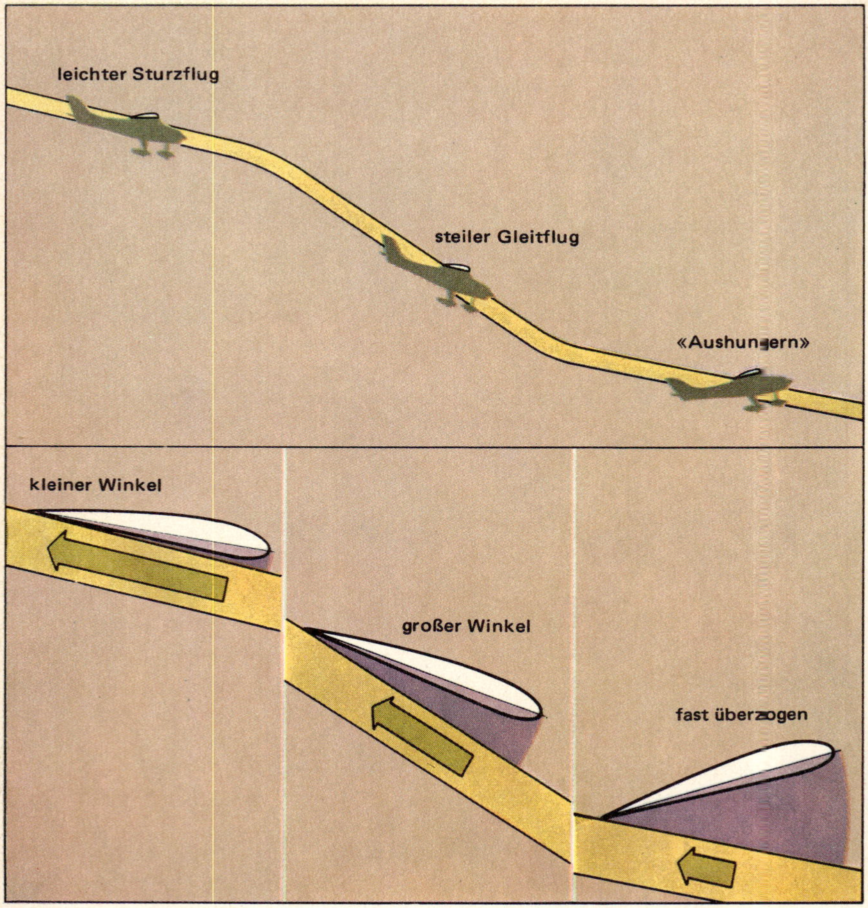

Das Landemanöver wird in dieser Zeichnung gezeigt. Das Flugzeug (obere Zeichnung) folgt einem Mustermanöver, geht vom leichten Sturzflug in einen langsamen, steilen Gleitflug bis zum «Aushungern» über. Die drei Bilder darunter lassen die verschiedenen Anstellwinkel der Tragfläche während dieser drei Phasen erkennen. Zuerst ein kleiner Winkel für einen leichten Sturzflug, dann ein großer Winkel für das steile Fallen und endlich ein extrem großer Winkel beim Aufsetzen auf der Piste. Die Pfeile zeigen die Richtung des Luftstroms an.

Anstellwinkel, denn so entsteht eine neue, tiefer liegende Hinterkante. Legende oder nicht, unter Piloten wird eine Geschichte erzählt, die die Auftriebseigenschaft der Landeklappen auf dramatische Weise veranschaulicht: Während des Zweiten Weltkriegs sollte der Pilot eines C-87 Lastenflugzeugs von dem Flughafen in Agra (Indien) mit schwerer Ladung an Bord starten. Er hatte besonders darum gebeten, wenig Treibstoff zu tanken, aber das Bodenpersonal tankte voll und beging dabei den Fehler, den Piloten nicht zu unterrichten. Erst als das Flugzeug auf der Startbahn anfing zu taumeln, bemerkte der Pilot das zusätzliche Gewicht — etwa 2,7 Tonnen. Aber inzwischen war er so weit, daß er abheben mußte, und Sekunden später bewegte sich das Flugzeug genau auf einen der Türme des Tadsch Mahal zu, der zu dieser Zeit gerade repariert wurde. Das Flugzeug flog mit höchster Leistung, aber es stieg immer noch nicht. Verzweifelt befahl der Pilot, alle Landeklappen auszufahren. Als das Flugzeug daraufhin auf Grund des zusätzlichen Widerstands an Geschwindigkeit verlor, stieg es sofort um 30 Meter und überflog das berühmte Grabmal — zur großen Erleichterung der zu Tode erschrockenen Arbeiter.

Beim Landen erzeugt die Verbindung von Landeklappen mit einem größeren Anstellwinkel zusätzlichen Auftrieb. Ohne diesen Ausgleich wäre der Auftrieb nicht ausreichend zum Fliegen mit der geringen Geschwindigkeit bei der Landung. Das Flugzeug würde durchsacken und möglicherweise zerschellen. Im Grunde ist das Durchsacken auf mangelnden Auftrieb zurückzuführen. Vergrößert ein Pilot den Anstellwinkel, so erhält er dadurch zusätzlichen Auftrieb. Dies trifft jedoch nur bis zu einem bestimmten Maße zu. Erreicht bei einem normalen Flugzeug der Anstellwinkel ungefähr 14°, beginnt der Luftstrom an der Hinterkante am oberen Teil der Tragfläche abzureißen und ruft dadurch eine weit größere Turbulenz hervor, als sonst an der Hinterkante der Tragfläche erzeugt wird. Wenn der Anstellwinkel nun noch vergrößert wird, breitet sich diese Turbulenz immer weiter über den Flügel aus.

Wird der Anstellwinkel noch weiter vergrößert, reißt der Luftstrom völlig ab, und die entstehende Turbulenz breitet sich über die ganze Oberfläche des Flügels aus, der Auftrieb wird unbedeutend, und das Flugzeug sackt durch.

Drei Arten des Strömungswiderstands

Während der Auftrieb die Kraft ist, die ein Flugzeug in die Luft steigen läßt, verursacht die Vorwärtsbewegung des Flugzeugs — und auch der Auftrieb selbst — die hemmende Kraft, die «Widerstand» genannt wird. Davon gibt es drei Arten: den Reibungswiderstand, den Formwiderstand und den *induzierten* Widerstand. Die ersten beiden werden erzeugt von einem Körper, der sich durch eine Substanz bewegt — in diesem Fall ein Flugzeug durch die Luft. Der *induzierte* Widerstand dagegen ist ein Nebenprodukt des Auftriebs und wird von den Tragflächen hervorgerufen.

Der Reibungswiderstand wird durch das erzeugt, was die Aerodynamiker «Strömungsgrenzschicht» nennen. Die Strömungsgrenzschicht kann man

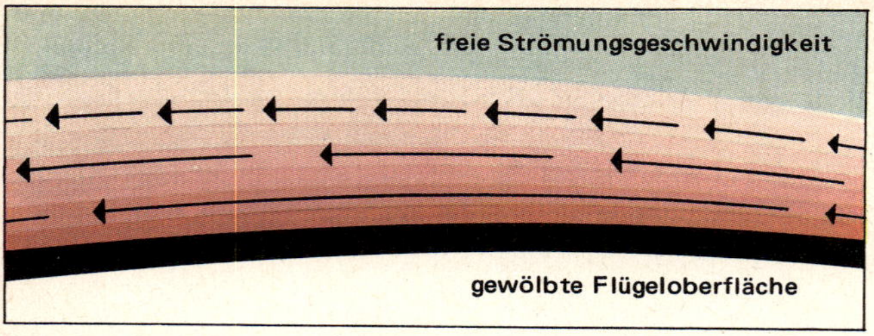

Das Verhalten des Luftstroms über einer Tragfläche (S. 53, oberes Bild) resultiert aus einer gewissen «Klebrigkeit» oder Viskosität der Luft. Die erste Schicht klebt tatsächlich an der Tragfläche und bewegt sich überhaupt nicht; die zweite Schicht bewegt sich mit leichter Reibung über die erste; die dritte bewegt sich etwas schneller, folgt aber immer noch der Wölbung der Tragfläche, wird sozusagen von der Reibung der zweiten Schicht mit um die Wölbung gerissen. So baut sich die Strömung Schicht für Schicht bis zur «freien Strömungsgeschwindigkeit» oder relativen Luftgeschwindigkeit auf. Wird ein Flügel aber während des Flugs überzogen, dann lösen sich alle diese übereinanderliegenden Luftschichten, die die sogenannte Grenzschicht bilden, von der Oberfläche des Flügels (S. 53, unteres Bild), reißen schließlich ganz ab und bilden Turbulenzen, die den Auftrieb zunichte machen.

sich aus vielen äußerst dünnen Luftschichten zusammengesetzt denken, die zusammen eine Dicke ergeben, die man in Zentimetern mißt.

Fliegt ein Flugzeug, so berührt eine dünne Schicht direkt den Flügel und haftet an der Oberfläche. Die nächste Schicht reibt an dieser Tragflächenschicht, die dritte an der zweiten und so fort. Die Wirkung ist ähnlich wie bei einem Paket Spielkarten, das auf den Tisch geworfen wird: die unterste Karte bleibt auf dem Tisch, die direkt daraufliegende bewegt sich etwas, die nächste ein wenig mehr und so weiter.

Nahe der Flügelvorderkante ist die Reibungsschicht ganz ruhig oder, um einen Ausdruck der Aerodynamiker zu benutzen, *laminar*. Aber an einer bestimmten Stelle auf dem Flügel, abhängig von seinem Profil, wird die Grenzschicht turbulent, ähnlich wie bei dem Rauch einer Zigarette, der sich nach einigen Zentimetern über der Spitze kräuselt, nachdem er zuvor gerade aufgestiegen ist. So entsteht auch die Turbulenz der Grenzschichten, da die Luft nach hinten strömt und die Grenzschicht ihre größte Dicke an der Hinterkante erreicht.

Das Zusammenspiel der Kräfte

Dort, wo die Luft ruhig ist, entsteht ein weitaus geringerer Widerstand als im turbulenten Teil der Grenzschicht. Offensichtlich kommt es aus diesem Grund wesentlich der Leistung eines Flugzeugs zugute, wenn die Strömung *laminar* gehalten werden kann. Das Triebwerk des Flugzeugs muß dann nicht so viel Energie aufbringen, um den Widerstand zu überwinden, der

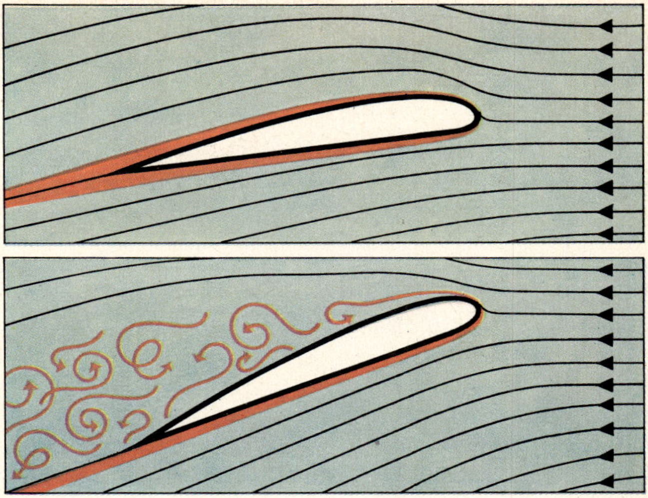

durch die Turbulenz erzeugt wird. Die verfügbare Energie kann wirksamer für eine größere Geschwindigkeit, eine größere Reichweite oder die Aufnahme von Nutzlast verwendet werden.

Die Steuerung der Grenzschicht ist ein sehr wichtiges Gebiet der Flugforschung und hat die Aufmerksamkeit der Forscher seit Jahren auf sich gezogen. Augenblicklich läuft ein sehr interessantes Flugexperiment über die Grenzschichtsteuerung, das eine erhebliche Verringerung des Widerstands für die Flugzeuge von morgen verspricht. Für dieses Experiment benutzt man umgebaute Wetteraufklärungsflugzeuge, deren Zwillingsdüsenaggregate an das hintere Ende des Rumpfes montiert sind. Unter den Flügeln, wo früher die Düsenaggregate hingen, wurde jetzt ein Paar Pumpen angebaut. In die Ober- und Unterseite des Flügels wurden Schlitze geschnitten, die vom Rumpf bis zur Flügelspitze laufen. Während des Fluges saugen die turbinengetriebenen Pumpen die turbulente Luft in den Flügel und glätten damit die Strömung. Die «eingeatmete» Luft wird dann hinten bei den Düsen ausgestoßen.

Die Versuchsinstrumente zeigten an, daß das Saugsystem die Strömung über dem größten Teil der Tragfläche laminar halten kann, und lieferten dadurch das ermutigende Ergebnis: Rückgang des Reibungswiderstandes. Es ist jedoch noch nicht sicher, ob diese Reibungsverringerung den Aufwand lohnt. Der Bau und die Unterhaltung eines solchen Flugzeugs sind teurer. Die Pumpen erhöhen das Gewicht und dadurch den Widerstand; und der Treibstoff, den sie verbrauchen, könnte statt dessen für die Antriebsmaschine verwendet werden.

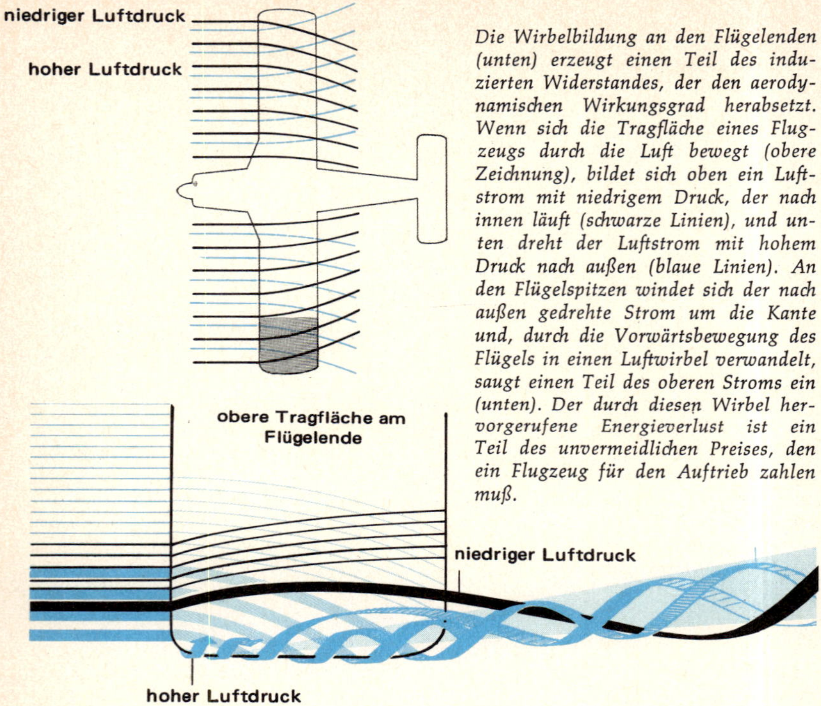

Die Wirbelbildung an den Flügelenden (unten) erzeugt einen Teil des induzierten Widerstandes, der den aerodynamischen Wirkungsgrad herabsetzt. Wenn sich die Tragfläche eines Flugzeugs durch die Luft bewegt (obere Zeichnung), bildet sich oben ein Luftstrom mit niedrigem Druck, der nach innen läuft (schwarze Linien), und unten dreht der Luftstrom mit hohem Druck nach außen (blaue Linien). An den Flügelspitzen windet sich der nach außen gedrehte Strom um die Kante und, durch die Vorwärtsbewegung des Flügels in einen Luftwirbel verwandelt, saugt einen Teil des oberen Stroms ein (unten). Der durch diesen Wirbel hervorgerufene Energieverlust ist ein Teil des unvermeidlichen Preises, den ein Flugzeug für den Auftrieb zahlen muß.

Selbst wenn die Flugforschung den Reibungswiderstand vielleicht stark verringert, bleiben dennoch die beiden anderen Widerstandskomponenten, mit denen man rechnen muß: der Formwiderstand und der *induzierte* Widerstand. Sie können zwar beide verringert, aber keiner völlig ausgeschaltet werden. Der Formwiderstand ist einfach der Widerstand, der erzeugt wird, wenn sich ein Körper durch die Luft bewegt. Eine plumpe Form – so wie die eines Kastens – ruft einen sehr hohen Formwiderstand hervor, während der einer stromlinienförmigen Tragfläche sehr gering ist.

Die Vorteile der stromlinienförmigen Körper sind weitaus größer, als sie erscheinen. Zum Beispiel erzeugt eine stromlinienförmige Tragfläche bei einer Geschwindigkeit von 340 km/h mit einer maximalen Dicke von 25 cm etwas weniger Widerstand als ein runder – und deshalb nicht stromlinienförmiger – Zylinder von 2,5 cm Durchmesser. Wenn man dies bedenkt, versteht man, welchen äußerst geringen Wirkungsgrad die ersten Doppeldecker mit ihrem Wirrwarr von Streben und Diagonaldrähten erreichten. Die ersten Flieger kannten zwar den Widerstand, doch war das Problem bei den geringen Geschwindigkeiten relativ unwichtig. Erst als die Flugzeuge schneller flogen, wurden die Feinheiten des stromlinienförmigen

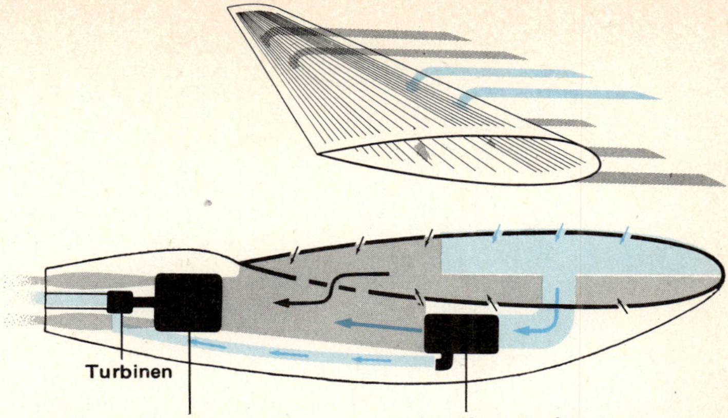

Die Grenzschichtabsaugung ist eine Technik im Versuchsstadium, die den Reibungswiderstand der Luft an der Oberfläche des Flügels verringern soll. Diese Technik wurde 1963 zum erstenmal erfolgreich ausprobiert. Man baute eine Spezialtragfläche mit vielen längslaufenden Schlitzen (oben), die mit zwei Turbopumpen verbunden sind (unten). Die Grenzschicht der aufgewühlten Luft, die sonst über die Oberfläche des Flügels wirbelte, wurde jetzt von den Pumpen in die Schlitze eingesogen und dann vom hinteren Ende des Flügels ausgestoßen: So entstand ein glatter Luftstrom.

Baus und andere Techniken, mit deren Hilfe man den Widerstand verringerte, zu einem Hauptfaktor der Konstruktion.

Die dritte Art, der *induzierte* Widerstand, ist darauf zurückzuführen, daß der Flügel als Tragfläche Auftrieb verursacht. Der Druckunterschied in der Luft – die an der Tragfläche eines Flugzeugs entlangstreicht und dadurch den Auftrieb erzeugt – wird durch den Unterdruck über der Tragfläche und den Überdruck unter ihr hervorgerufen. Diese Druckdifferenz verursacht einen Abwind oder Luftsog. Außerdem strömt die Luft aus dem Überdruckgebiet in Richtung eines Raums mit Unterdruck. Dies geschieht hauptsächlich an den Flügelspitzen, wo nichts diesen Vorgang hindert. Der Überdruck von unten gleicht sich mit dem Unterdruck von oben aus und bildet dabei zwei spiralförmige Wirbel.

Aus der Entstehung des Abwindes und dieser Wirbel resultiert eine hemmende Kraft, die durch eine Gegenkraft oder den Schub, der von den Triebwerken geliefert wird, überwunden werden muß.

Eine unsichtbare Gefahr

Bei Windstille zerstreuen sich die von großen Flugzeugen hervorgerufenen Wirbel nicht sofort und können eine wirkliche Bedrohung für kleine Flugzeuge bedeuten. Vor einigen Jahren flog eine einmotorige Piper Tri-Pacer

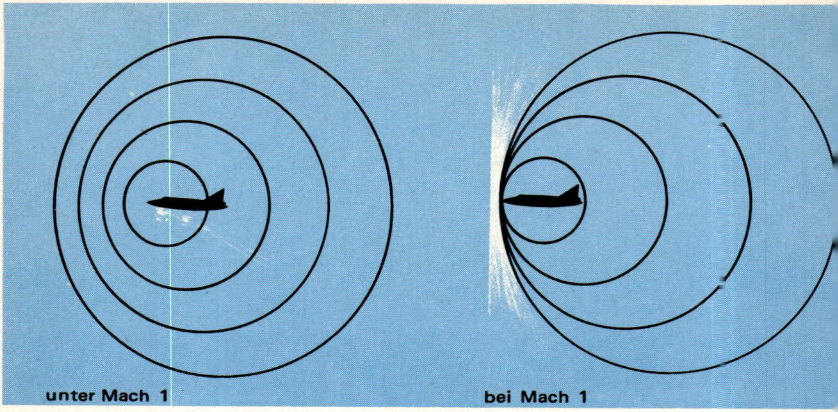

Diese Zeichnungen zeigen nur eine der unzähligen Druckwellen, die von einem Flugzeug ausgesandt werden. Bei der «Unterschallgeschwindigkeit» breiten sich diese Wellen sowohl vor als auch hinter dem Flugzeug aus; das Flugzeug kann sie nicht einholen. Wenn die Schallgeschwindigkeit erreicht wird, können die Wellen nicht mehr nach vorn ausweichen, da ihr Ursprungsort mitläuft. Das Ergebnis ist dann: sie gehen in eine Druckwelle über,

bei klarem Wetter in der Nähe von Dover (Delaware). Der Pilot wußte nicht, daß ein Transportflugzeug, eine viermotorige C-124, vor kurzer Zeit vorbeigeflogen war und einen riesigen, unsichtbaren Luftsog hinter sich zurückgelassen hatte. Die Tri-Pacer geriet in diesen Luftsog. Die Turbulenz war so stark, daß die Tragflächen des kleinen Flugzeugs nach oben zusammenklappten. Die kleine Maschine fiel wie ein Stein zur Erde.

Es gibt noch eine weitere Art des Widerstands, die aber nicht so bedeutend ist, da sie nicht bei allen Flugzeugen vorkommt. Dieser Widerstand entsteht nur bei Flugzeugen, die fast so schnell oder schneller als der Schall fliegen. Die Schallgeschwindigkeit hängt von der Temperatur ab. In Meereshöhe und bei normalem Wetter beträgt sie ungefähr 1220 Kilometer pro Stunde, aber in größeren Höhen, wo die Temperatur niedriger ist, sinkt sie bis auf 1060 Kilometer pro Stunde. Die Schallgeschwindigkeit ist dem heutigen Flieger als Mach 1 (sprich: Mach, wie in «machen»; nicht mätsch, wie oft fälschlich anglisiert) bekannt, zu Ehren Ernst Machs (1838–1916), des österreichischen Physikers und Philosophen, der die Eigenschaften des Schalls grundlegend untersuchte. Die Mach-Zahlen werden im gesamten Bereich des schnellen Flugs angewandt. Sie geben die Fluggeschwindigkeit in einem Prozentsatz der Schallgeschwindigkeit an: Mach 0,8 bedeutet 80 Prozent der Schallgeschwindigkeit oder etwa 845 Stundenkilometer bei einer Höhe von 9000 Metern.

(Flugzeuge, die fast so schnell oder schneller als der Schall fliegen, be-

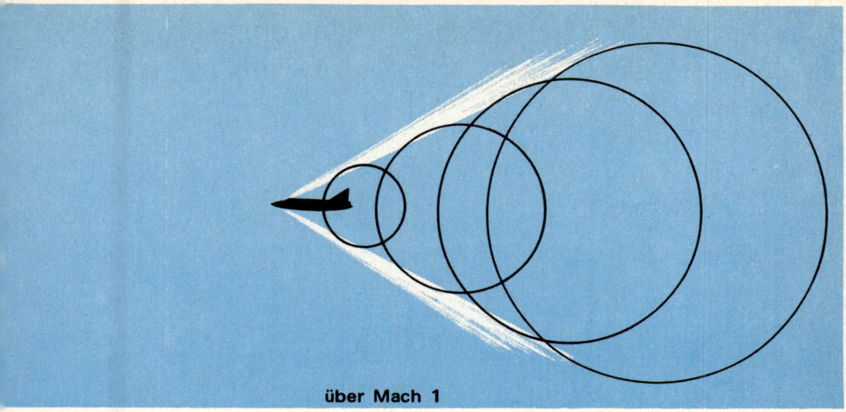

die senkrecht zur Flugrichtung steht, die sogenannte Schallmauer. Überschreitet das Flugzeug die Schallgeschwindigkeit, dann läßt es die Druckwellen hinter sich; sie breiten sich nach hinten aus, immer noch mit dem Flugzeug verbunden. Der österreichische Physiker und Philosoph Ernst Mach (1838–1916) erkannte die Form der fortschreitenden Wellenfronten als die eines Kegels (vgl. Bild auf Seite 60).

finden sich in großen Höhen und berechnen deshalb ihre Mach-Zahlen auf der Basis von 1060 Kilometer pro Stunde entsprechend der Schallgeschwindigkeit in dieser Höhe.)

Der Überschallknall

Die Erscheinung des nahe oder über der Schallgeschwindigkeit auftretenden Widerstands ist als Wellenwiderstand bekannt und wird durch schnelle Druckveränderungen in der Luft verursacht. Bei jeder Geschwindigkeit schickt ein Flugzeug ein «Signal» aus, das seine Ankunft in der Luft vor ihm ankündigt. Dieses Signal ist eine Druckwelle, die sich mit Schallgeschwindigkeit vorwärts bewegt, sie «warnt» die Luft, die dann «aus dem Weg geht». Wenn jedoch ein Flugzeug schneller als diese warnende Welle fliegt, hat die Luft vor ihm keine Zeit, sich zu teilen. Milliarden von winzigen Luftmolekülen werden plötzlich durch den eindringenden Körper zur Seite gestoßen und zusammengedrückt, anstatt sich vorher aus der Flugbahn des Flugzeugs zu bewegen. Dabei wird komprimierte Luft erzeugt, eine kegelförmige Druckwelle. Ein Flugzeug entwickelt in dieser Lage eine Serie solcher Druckwellen an der Spitze, an den Vorderkanten der Flügel und des Leitwerkes und entlang des Rumpfes. Ähnliche Serien von Druckwellen werden hinter den Flügeln und dem Leitwerk erzeugt, wo die bewegte Luft wieder zusammentrifft. Der untere Teil dieser kegelförmigen Wellen wird auf der Erde als donnerähnlicher Schlag wahrgenommen, der als «Überschallknall» bekannt ist.

Wie der *induzierte* Widerstand ein nachteiliges, aber unvermeidliches Nebenprodukt des Auftriebs ist, so ist auch der Wellenwiderstand ein unvermeidbarer Preis, der bezahlt werden muß, um nahe oder über der Schallgeschwindigkeit fliegen zu können. Die notwendige Energie für die Erzeugung der Druckwelle, die den Weg des Flugzeugs im Bereich der Schallgeschwindigkeit begleitet, muß jedoch von den Triebwerken geliefert werden und ruft so den Wellenwiderstand hervor. Der Wellenwiderstand beginnt bei den meisten Flugzeugen bei Mach 0,8. Obwohl das Flugzeug dabei noch nicht so schnell wie der Schall fliegt, erreicht die beschleunigte Luft, die über den oberen Teil der Tragfläche streicht, Schallgeschwindigkeit, und es wird eine kleine Druckwelle erzeugt. Im Bereich von ungefähr 0,8 bis 1,2 Mach bewegt sich ein Teil der Luftströmungen mit Unterschallgeschwindigkeit, ein anderer Teil mit Überschallgeschwindigkeit.

Die pfeilförmige Flügelkonstruktion hat sich bei allen schnellen Flugzeugen durchgesetzt, um die Schwierigkeiten zu verringern, die sich beim Flug mit dieser Geschwindigkeit ergeben. Ein Unterschallflugzeug wie die Boeing 707 (sprich: Boing, nicht Böing!) könnte nie mit diesen Geschwindigkeiten fliegen, wenn ihre Flügel nicht «gepfeilt» wären. Die Boeing 707 fliegt mit einer Reisegeschwindigkeit von 965 Stundenkilometern in Höhen von 7600 Metern und darüber, also mit mehr als 90 Prozent der Schallgeschwindigkeit.

Würde eine Boeing 707 mit geraden Flügeln so schnell fliegen, erreichte die Luftgeschwindigkeit über den Tragflächen wegen der Beschleunigung, die für den Auftrieb gebraucht wird, Überschallgeschwindigkeit. Angenommen, sie verfügte über genügend Energie, um den erzeugten Widerstand bei diesen Geschwindigkeiten zu überwinden, so verlöre sie wegen der kräftigen Stöße der Druckwellen erheblich an Stabilität.

Wenn die Flügel jedoch gepfeilt sind, verzögert sich die Entstehung der Druckwellen. Während des Fluges treffen die gepfeilten Flügel in einem stumpfen Winkel auf die Luft. Das hat zur Folge, daß die auf die Tragfläche auftreffende Luftgeschwindigkeit in zwei Richtungen wirkt – eine im rechten Winkel zur Flügelvorderkante und die andere entlang der Tragfläche. Keine dieser Komponenten ist gleich der ursprünglichen Luftgeschwindigkeit, die auf die vordere Kante der Tragfläche trifft und die der tatsächlichen Geschwindigkeit des Flugzeuges entspricht. Es ist nur der im rechten Winkel über die Flügelvorderkante streichende Teil der Luft, der beschleunigt wird, um Auftrieb zu erzeugen. Da diese Luftgeschwindigkeit niedriger als die Fluggeschwindigkeit des Flugzeugs liegt, kann es der Schallgeschwindigkeit näher kommen, ohne daß sich auf der Tragfläche Druckwellen bilden.

Die Konstrukteure drücken die Bezeichnung zwischen der Größe des

Dieses Bild wurde unter Anwendung der Schlierenmethode, die Temperatur- und Dichteschwankungen in der Luft registriert, in einem Windkanal aufgenommen, in dem die Flugbedingungen genau nachgeahmt werden können. Die Luft (blau) fließt an einem Flugzeugmodell mit Mach 1,4 entlang und verursacht Druckwellen, die sich an verschiedenen Stellen des Modells ausbilden. Die ersten Wellen erscheinen an den Tragflächen, wo die Luft am meisten beschleunigt wird. Wie in der Zeichnung auf Seite 57 treiben die Druckwellen kegelartig zurück.

Auftriebs und des Widerstands in einer Formel aus, die als «Auftriebs-Widerstands-Verhältnis» (A/W-Verhältnis) bekannt ist. Eine Tragfläche mit hohem Wirkungsgrad, die für langsame Flüge konstruiert wurde und ein A/W-Verhältnis von 30 hat, erbrächte dreißigmal so viel Auftrieb wie Widerstand. Verkehrsmaschinen weisen im allgemeinen A/W-Verhältnisse von ungefähr 15 auf. Mit dem Beginn des Wellenwiderstandes nahe der Schallgeschwindigkeit fällt das A/W-Verhältnis stark ab, denn der Gesamtwiderstand wird dadurch vergrößert. Eine Tragfläche gilt als gut konstruiert, wenn sie bei Mach 3 achtmal so viel Auftrieb wie Widerstand erzeugt.

Das A/W-Verhältnis gibt auch an, wie weit ein Flugzeug «gleitet», wenn plötzlich der Antrieb ausfallen sollte. So würde ein Flugzeug bei einem A/W-Verhältnis von 30 auf etwa 30 Meter Flugweg einen Meter fallen. Alle Segelflugzeuge haben ein sehr hohes A/W-Verhältnis, auch Gleitzahl genannt, damit sie nur sehr langsam sinken, wenn sie nicht von Aufwinden unterstützt werden.

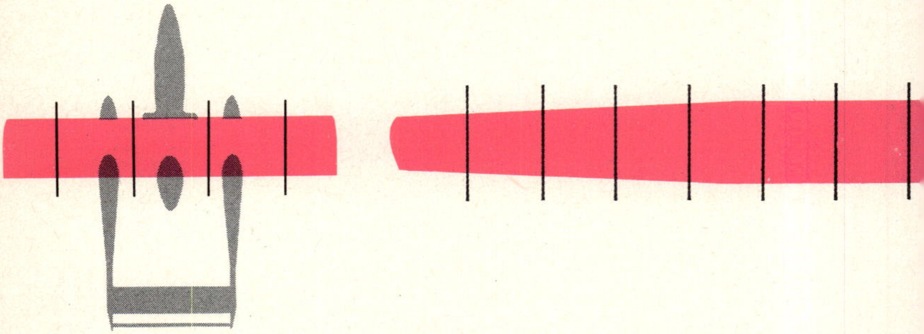

Das Seitenverhältnis einer Tragfläche wird berechnet, indem man die Spannweite durch die mittlere Tiefe (d. h. die durchschnittliche Streckenlänge von der Vorderkante bis zur hinteren Kante) des Flügels dividiert. Es ist ein wichtiger Faktor zur Bestimmung der Flugleistung. Das Seitenverhältnis wird hauptsächlich von dem Zweck des Flugzeugs bestimmt. Für hohe Geschwindigkeiten, große Tragfähigkeit, hohe Dauerleistung, gute

Lang und schlank zum Segeln

Das A/W-Verhältnis hängt direkt von einem weiteren Faktor ab, den die Aerodynamiker «Flügelstreckung» nennen. Die Flügelstreckung ist eine Beziehung zwischen der Spannweite eines Flügels und seiner Tiefe, dem durchschnittlichen Abstand zwischen Tragflächenvorder- und -hinterkante. Eine große Flügelstreckung bedeutet, daß die Spannweite sehr viel größer ist als die Flügeltiefe. Die Flügeltiefe ist natürlich für Auftrieb und Widerstand ausschlaggebend, aber zwei Flügel mit gleicher Fläche und unterschiedlicher Flügelstreckung haben sehr verschiedene Auftriebs- und Widerstandseigenschaften, die hauptsächlich der unterschiedlichen Wirbelbildung zuzuschreiben sind, die den induzierten Widerstand hervorruft. Von der Größe der Flügelstreckung hängt es ab, wie weit ein Flugzeug mit einer bestimmten Treibstoffladung fliegen kann. Eine große Flügelstreckung wird eingesetzt, wenn die Reichweite der bestimmende Faktor der Konstruktion ist. Zum Beispiel müssen alle Segelflugzeuge eine große Flügelstreckung haben, auch bestimmte Spezialflugzeuge wie Such- und Rettungsflugzeuge oder Aufklärungsflugzeuge für sehr große Höhen, wie beispielsweise die Lockheed U-2, die vor einigen Jahren Gegenstand heftiger Kontroversen zwischen den USA und der Sowjetunion war. Es gibt auch Parallelbeispiele in der Natur. Die Segelvögel – wie der Adler, der Falke, der Albatros, der

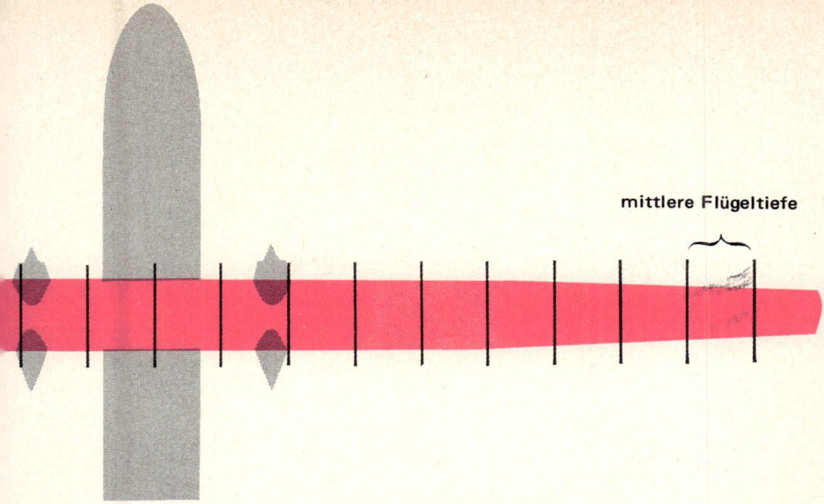

Wendigkeit oder besondere Höhenflugeigenschaften braucht man jeweils andere Seitenverhältnisse. Deshalb hat die Hurel-Dubois 31, die für große Reichweiten und für große Höhen gebaut ist, lange, schlanke Flügel und ein großes Seitenverhältnis von 20,2. Die OV-10 A Bronco mit den Stummelflügeln ist ein sehr manövrierfähiges Beobachtungsflugzeug und hat ein Seitenverhältnis von nur 5,5.

Kondor und die Möwe — können lange gleiten und haben auf Grund ihrer großen Flügelstreckung auch eine große Reichweite.

Eine Form für jede Aufgabe

Ein Aerodynamiker muß bei der Konstruktion eines Flugzeugs alle besprochenen Faktoren in Betracht ziehen. Um den Geschwindigkeitsabfall, der durch den Reibungswiderstand hervorgerufen wird, zu mindern, hat er den Querschnitt einer Tragfläche so zu konstruieren, daß die Luftströmung so *laminar* wie nur möglich gehalten werden kann. Er versucht, den einfachen Luftwiderstand, der durch den Formwiderstand verursacht wird, herabzusetzen, indem er das Flugzeug stromlinienförmig baut. Bei Flugzeugen für hohe Geschwindigkeiten entwirft er äußerst dünne, gepfeilte Flügel und einen schlanken Rumpf als Maßnahme gegen den Wellenwiderstand, da eine Konstruktion dieser Art geringere Luftkompression und damit kleinere Druckwellen verursacht. Bei einem Überschallflugzeug gleicht die Flügelvorderkante einer Messerklinge, und der Rumpf ist vorn zugespitzt, um den Widerstand weiter zu vermindern.

Die dünne, gepfeilte Tragfläche hat bei hohen Geschwindigkeiten einen großen Wirkungsgrad, aber die Widerstandsverminderung wird auf Kosten des Auftriebs erreicht. Selbst das schnellste Flugzeug muß noch mit niedriger Geschwindigkeit landen und starten, und in diesem Teil des Fluges ist ein Mach 3-Flügelprofil sehr unwirksam. Deshalb hat die ideale Tragfläche bei einem Hochleistungsflugzeug einen fast geraden Flügel für geringe Geschwindigkeiten und einen gepfeilten Flügel für Überschallgeschwindigkeiten. Nach jahrelangen Untersuchungen und Experimenten haben die Forscher eine Zwittertragfläche hergestellt: Die Tragfläche mit verstellbarer Pfeilung.

Am 6. Januar 1965 begann ein neues Kapitel in der Geschichte der Aerodynamik, als ein neues Kampfflugzeug der amerikanischen Luftwaffe eingesetzt wurde, das erste Überschallflugzeug, das seine Flügelstellung während des Fluges verändern konnte. Das Flugzeug war die General Dynamics F-111, bekannt durch die Bezeichnung TFX während ihrer Entwicklung. Die F-111 startete in der Nähe von Fort Worth in Texas mit nur 16° gepfeilten Flügelvorderkanten. Während des Fluges veränderte der Testpilot den Winkel über die gesamte Skala bis zur 72,5°-Pfeilung, die sich als optimal für die Höchstgeschwindigkeit der F-111 erwies. Für die Landung kehrte er zu der fast geraden Flügelstellung zurück. Diese Neuerung gibt der F-111 die Vorteile zweier aerodynamischer Bereiche: großer Auftrieb bei geringer Geschwindigkeit, geringer Widerstand bei hoher Geschwindigkeit.

Andere Aufgaben eines Flugzeugs legen natürlich den Akzent auf andere Leistungswerte, zum Beispiel auf eine große Ladekapazität gekoppelt mit einer hohen Unterschallgeschwindigkeit, wie sie für die modernen Verkehrsflugzeuge benötigt werden. Heute hat ein solches Flugzeug oft über hundert Passagiere zu tragen, deshalb muß im Rumpf genügend Raum sein, wobei auf relativ schlanken Bau geachtet wird. Für Geschwindigkeiten um 1000 km/h braucht ein Transportflugzeug nur mäßig gepfeilte Tragflächen, um die Entstehung der Druckwellen zu verzögern. Der notwendige Auftrieb für ein schweres Flugzeug fordert eine große Flügelfläche, und der Einsatz eines Flugzeugs für Transkontinental- oder Transatlantikflüge verlangt eine große Flügelstreckung.

An den Entwurf leichter Privatflugzeuge kann der Konstrukteur ganz anders herangehen. Soll das Flugzeug im Geschwindigkeitsbereich von 150 bis 300 km/h fliegen, ist das Problem des Widerstandes gering. Er braucht keine dünnen, gepfeilten Tragflächen, die Auftriebs-, Stabilitäts- und Steuerungsprobleme mit sich bringen. Er kann auf große Spannweiten mit ihren baulichen Schwierigkeiten verzichten. Er benutzt Tragflächen geringer Spannweite, die verhältnismäßig dick sind, um die nötige Festigkeit zu haben, und gerade Flügel für geringe Geschwindigkeiten und die Stabilität.

Während der Konstruktion wendet der Aerodynamiker viele spezielle Kunstgriffe an, um auf der einen Seite den Wirkungsgrad der Tragflächen zu vergrößern und gleichzeitig ein besonderes Flugproblem zu lösen. So ist

Die Tragflächen der neuen F-111 stehen für den Flug bei niedrigen Geschwindigkeiten fast rechtwinklig heraus (oben). Für hohe Geschwindigkeiten können die Tragflächen mitschiffs angewinkelt werden. Ein Nachteil ist der technische Aufwand, den die Bewegung der Tragflächen erforderlich macht.

es zum Beispiel möglich, den Anstellwinkel einer Tragfläche mechanisch zu verändern, um nicht den Bug bei der Landung hochzuziehen, ein Hilfsmittel für Probleme, die bei auf See stationierten Flugzeugen auftreten. Das Hochziehen des Bugs bereitet dem Piloten vor allem Schwierigkeiten bei der Landung auf einem Flugzeugträger. In sehr schnellen Flugzeugen ist die Sicht häufig beschränkt, da das Dach des Cockpits stromlinienförmig ist. Wenn sich die Nase hebt, versperrt sie die Aussicht des Piloten nach

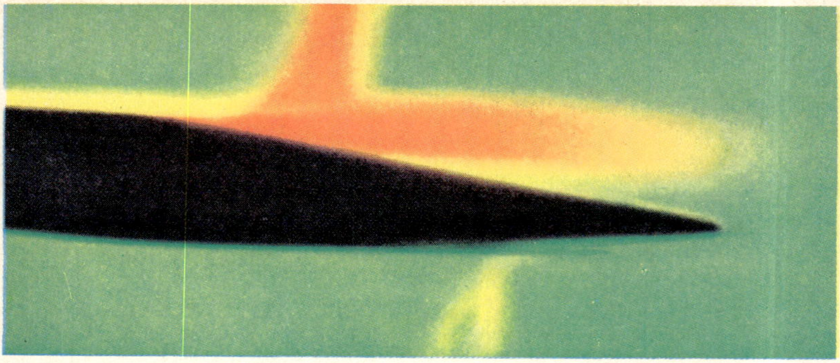

Die Grenzschicht, der träge Luftstrom, der sich direkt über der Außenhaut der Tragfläche befindet, ist für den aerodynamischen Wirkungsgrad wichtig: sie muß glatt fließen. Im oberen Bild haben Druckwellen ein Abreißen des Luftstroms vom Flügel verursacht, der Auftrieb wurde geringer und die Steuerung beeinträchtigt. Eine einfache Lösung, die das untere Bild der Tragfläche einer Boeing 707 zeigt, ist eine Reihe von Stegen, die man Turbulenzbleche nennt. Sie erzeugen kleine, gesteuerte Wirbel, um die Strömungsgrenzschichten an der Tragfläche zu halten.

vorn auf die Landebahn. Daher bevorzugt man in diesen Fällen bewegliche Tragflächen trotz des mechanischen Mehraufwandes, damit der Pilot den Anstellwinkel vergrößern kann, ohne den Bug anheben zu müssen.

Gezügelte Geschwindigkeit

Der Pilot eines Kampfflugzeugs muß einen steilen Sturzflug ausführen können, ohne eine Übergeschwindigkeit zu erreichen, die Schwierigkeiten bereitet, wenn er das Flugzeug abfangen will. Aus diesem Grund rüstet man einige Flugzeuge mit Sturzflugbremsen aus, mit aerodynamischen Klappen, die wie Landeklappen aussehen und aus dem Flügel oder Rumpf fast senkrecht zur Flugrichtung ausgefahren werden, um den Widerstand zu vergrößern.

Wenn ein Konstrukteur ein schnelles Flugzeug mit gepfeilten Flügeln ausrüstet, um die Druckwellen zu verzögern, begegnet er einem neuen Problem: die Luftströmung will dem Pfeilwinkel folgen; das bedeutet, daß sie nach außen zu den Flügelspitzen abgelenkt wird. Dadurch wird die Strömungsgrenzschicht an den äußeren Teilen der Flügel turbulent, reißt ab und erzeugt Widerstand. Der Konstrukteur hilft sich mit einem sogenannten *aerodynamischen Grenzschichtzaun,* einem dünnen Metallstreifen, der aus der Tragfläche hervorragt und von vorn nach hinten läuft. Der Zaun dient als Sperre für den Luftstrom und verhindert die Strömung zu den Flügelspitzen. Ein großes Flugzeug kann mehrere solcher Zäune haben, die die Luft ungefähr parallel zu der Längsachse des Flugzeugs leiten, denn dadurch wird die entstandene Strömungsgrenzschicht verschoben und der Widerstand vermindert.

Eine andere Vorrichtung, die Aerodynamiker benutzen, sind die Turbulenzbleche, kleine, tragflächenförmige Teile, die über der oberen Fläche des Flügels angebracht sind. Verkehrsflugzeuge haben häufig lange Reihen dieser Bleche vor den Querrudern und Landeklappen. Der Luftstrom wirkt auf die Turbulenzbleche ebenso wie auf die Haupttragflächen des Flugzeugs, und es entsteht eine Reihe von kleinen Wirbeln. Diese Luftstrudel dienen dazu, die Strömungsgrenzschicht dadurch energiereicher zu machen, daß sie die schnelle Luft mit der trägen Luft der Strömungsgrenzschicht vermischen. Dieser beschleunigte Luftstrom folgt der Oberfläche des Flügels leichter, und das Flugzeug läßt sich dadurch viel besser steuern, vor allem dann, wenn die Landeklappen ausgefahren sind oder wenn die Querruder bewegt werden.

Dies sind die wesentlichen Züge der faszinierenden Wissenschaft der Aerodynamik, des dauernden Kampfes, einen Ausgleich zwischen Auftrieb und Widerstand zu finden, einen Kompromiß, der in Einklang mit der Aufgabe des Flugzeugs stehen muß. Die allseits durchdachte Konstruktion ist die eigentliche Grundlage für den bemannten Flug, und die Aerodynamik wird nicht ganz zu Unrecht «die Königin der Flugwissenschaften» genannt.

4

Die Antriebskraft

John Wimpenny ist der bedeutendste Mann auf dem vielleicht kleinsten technischen Entwicklungsgebiet der Welt. Unter den wenigen Menschen, die mit eigener Kraft geflogen sind, hält Wimpenny den internationalen Rekord. Im Jahre 1962 flog er ein speziell dafür konstruiertes Flugzeug

Der Weg eines Propellerblatts gleicht der Spur eins Korkenziehers. Ein Punkt am Ende des

fast einen Kilometer weit. Es hatte einen Rumpf, Flügel, ein Leitwerk und einen Propeller. Aber Wimpenny selbst war die Maschine.

Er hatte jahrelang mit dem «menschgetriebenen» Flug experimentiert, und seine Anstrengungen bekamen im Jahre 1959 einen neuen Impuls, als ein britischer Kunststoff-Fabrikant namens Henry Kremer einen Preis von 5000 Pfund für den ersten erfolgreichen Flug aussetzte, bei dem nur menschliche Muskelkraft als Antrieb benutzt werde. Im November 1961 vollendete eine Gruppe von Flugzeugkonstrukteuren und Technikern unter der Leitung von Wimpenny die Konstruktion eines Flugzeugs, genannt ‹Puffin›, das hauptsächlich aus Holz gebaut und mit einer Plastikhaut überzogen war. Es kombinierte ein Flugzeug mit einem Fahrrad, denn das «Cockpit» bestand aus einem einrädrigen Fahrrad, der Pilot trat die Pedale, trieb das Rad für den Start an und setzte den Propeller in Bewegung.

Propellers zeichnet eine Spirale, die sich bei erhöhter Geschwindigkeit dehnt.

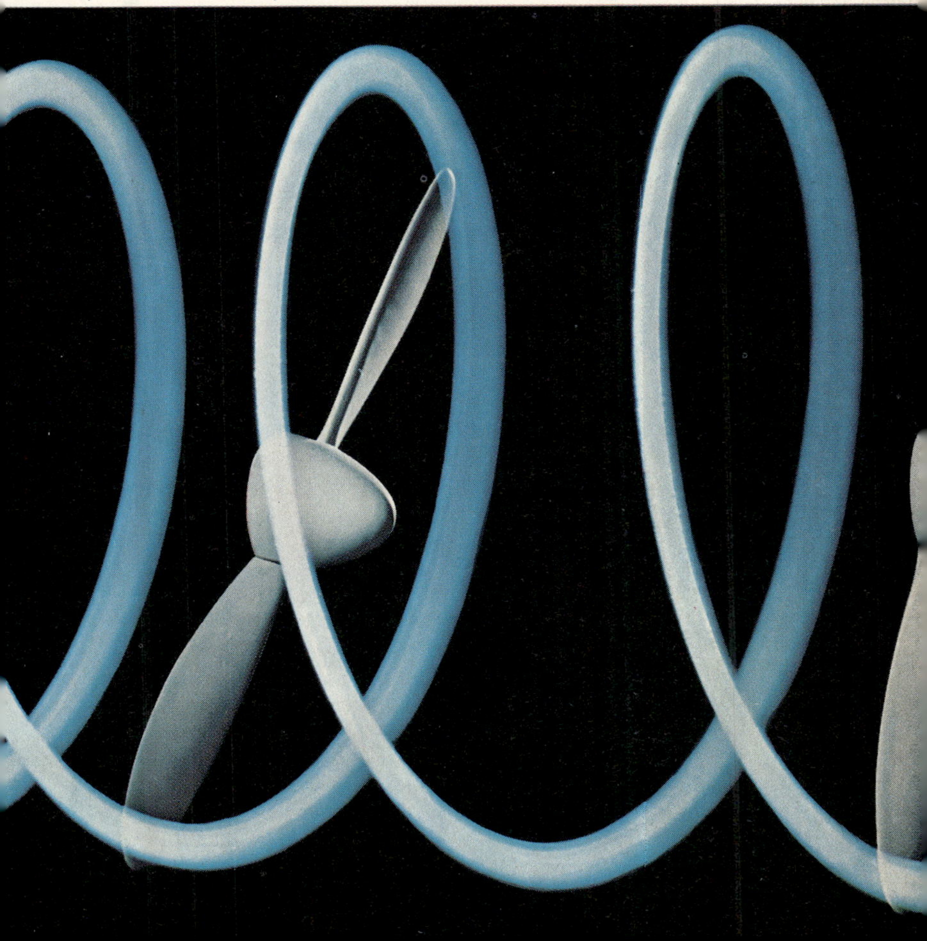

Sechs Positionen bei dem Schlagzyklus einer kanadischen Wildgans zeigen die Abwärtsbewegung (2 und 3), wobei der äußere Teil des Flügels weit nach vorn und nach unten gebracht wird. Der Luftdruck dreht die flexiblen langen Schwungfedern während der Abwärtsbewegung in eine vorwärts treibende Stellung. Während der äußere Flügel den Vortrieb liefert, wölbt sich der innere Teil, um dem Vogel Antrieb zu geben.

Die Flügel sind den Lebensgewohnheiten der einzelnen Arten angepaßt. Ein Gleiter wie die Möwe hat leichte, lange und schmale Flügel mit losen Schwungfedern, die auf feine Windveränderungen reagieren können. Ein kräftiger Flieger wie die Brieftaube kann mit einer Geschwindigkeit bis zu 140 Stundenkilometern fliegen, denn sie hat kurze und schwere Flügel mit festsitzenden Schwungfedern, die einen starken Propeller bilden.

Flügel am Ende der Aufwärtsbewegung

Ende der Abwärtsbewegung

Wimpenny war für den Flug in guter Übung, da er täglich acht Kilometer mit dem Fahrrad zur Arbeit fuhr. Am 2. Mai 1962 brachte er die ‹Puffin› mit Pedalantrieb auf eine Maximalhöhe von 2,50 Metern und «fuhr» 907 Meter weit. Dieser Flug bedeutete Rekord, aber er gewann keinen Preis, da die Wettkampfbedingungen einen längeren Flug und dabei eine 8-Schleife vorschrieben. Der Preis, inzwischen auf 10 000 Pfund erhöht, wartet noch immer auf den Gewinner.

Beginn der Abwärtsbewegung

Schwungfedern drehen sich nach oben und außen

Beginn der Aufwärtsbewegung

Flügel ziehen zurück für einen neuen Schlagzyklus

Das entscheidende Verhältnis: Leistung – Gewicht

Wie auch immer die Zukunft des menschlichen Antriebs aussehen mag, er hat offensichtlich keinen Platz im zweckbestimmten Flug, da sein Verhältnis von Leistung zu Gewicht extrem niedrig ist. Es bleibt eine Tatsache, daß während der jahrhundertelangen Bemühungen der Mensch schließlich fliegen lernte und im allgemeinen seine Flugapparate den Vögeln nachformte und bewegliche Flügel in seine Konstruktionen baute. Erst nachdem Dutzende von Turmspringern mit flatternden Flügeln ihr Leben verloren

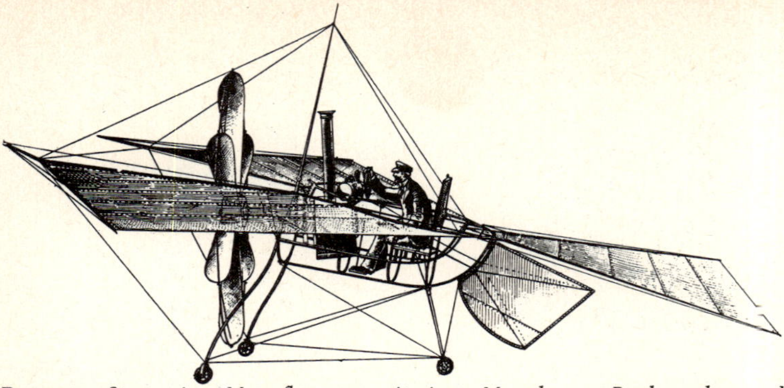

Der erste «Start» eines Motorflugzeugs mit einem Menschen an Bord wurde von diesem wackelig aussehenden Gestell 1874 ausgeführt. Es ging auf einen Entwurf zurück, der 1857 patentiert worden war und seltsame, vorwärtsgepfeilte Flügel hatte, ein einziehbares Fahrgestell und einen Propeller, der von einem Kolben-Heißluftmotor gedreht wurde. Der Apparat rollte eine geneigte Rampe hinab und hob sich für einen Moment in die Luft.

hatten, machte man die Erfahrung, daß für den Antrieb dieser vogelähnlichen Maschinen ein Ersatz gefunden werden mußte. Sowohl für die Flugmuskeln des Vogels als auch für die «wriggende» Bewegung der Flügelspitzen, wodurch die Muskelkraft in einen Vorwärtsantrieb übertragen wird.

Ein flugtüchtiges Flugzeug basiert natürlich auf einer praktischen, aerodynamischen Konstruktion. Außerdem muß eine Kraftquelle vorhanden sein, die den Auftrieb nicht nur für ihr Eigengewicht und das des Flugzeugs liefert, sondern auch für eine Nutzlast, sei es der Pilot oder eine zusätzliche Ladung. Bei der Entwicklung des Flugzeugantriebs war das größte Problem das Gewicht des Motors. Im neunzehnten Jahrhundert probierten die Experimentatoren Dampfmaschinen, Kohlensäure- und Elektromotoren aus. All diese Maschinen waren zu schwer, um die Flugzeuge, für die sie gebaut wurden, vom Boden zu heben.

Seltsamerweise wurde der Benzinmotor, der das Verhältnis von Leistung und Gewicht revolutionierte, in ein Flugzeug eingebaut, das ein aerodynamischer Versager war. Die erste brauchbare Maschine war nicht die der Gebrüder Wright, sondern diejenige, die Charles Matthews Manly (1876 bis 1927) aus einer früheren Maschine für Professor Langleys (1834 bis 1906) Unglücks-‹Aerodrome› umbaute. Manly war Ingenieur und gelernter Maschinist, und die Maschine, die von ihm im Jahre 1901 entwickelt worden war, hatte im Verhältnis zu ihrem Gewicht eine höhere Leistung als die der Gebrüder Wright und hätte wahrscheinlich genügend Energie liefern können, um ein aerodynamisch korrektes Flugzeug anzutreiben. Manlys Fünf-Zylinder-Motor bewährte sich zehn Stunden lang, als er sorgfältig gemessene 52 PS leistete. Die Maschine wog nur 94 Kilo-

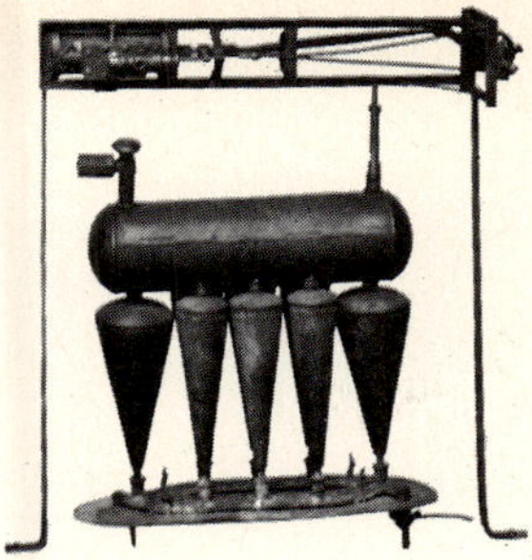

Eine leichte Dampfmaschine (links) benutzte man im Jahre 1848 für einen der ersten Versuche, ein Flugzeug anzutreiben. Sie wurde in ein großes Modellflugzeug eingebaut und leistete kaum mehr, als in Gang zu bleiben, während das Flugzeug 40 Meter weit glitt. Der erste Benzinmotor, der wirksam genug war, ein bemanntes Flugzeug in voller Größe anzutreiben, wurde im Jahre 1901 von Charles Matthews Manly (1876–1927) gebaut.

gramm, und jede 1,8 Kilogramm ihres Gewichts lieferten also fast ein PS, ein Verhältnis von Leistung und Gewicht, das bis 1918 nicht verbessert wurde.

Der Motor der Gebrüder Wright war jedoch das erste erfolgreiche Flugzeugtriebwerk, denn es ermöglichte den ersten menschentragenden Motorflug. Die Gebrüder Wright hatten ausgerechnet, daß sie eine Maschine brauchten, die wenigstens acht PS erzeugte und nicht mehr als neun Kilogramm pro PS wiegen durfte.

Die Suche nach dem Motor

Im Dezember 1902 schrieben die Gebrüder Wright an ungefähr ein Dutzend Automobil- und Benzinmotorhersteller und führten ihre Bedingungen auf. Zu dieser Zeit wurde keine solche Maschine hergestellt, und die meisten der Gesellschaften antworteten, daß sie zuviel zu tun hätten, um nach einer speziellen Anweisung zu arbeiten. Deshalb entschieden sich die Gebrüder Wright, ihren eigenen Motor zu bauen. In weniger als sechs Wochen hatten sie ihn für den Test fertig. Es war ein Vier-Zylinder-Motor, der 13 PS leistete, 5 PS mehr, als die Wrights für den ‹Flyer› als notwendig berechnet hatten. Bei etwas mehr als 90 Kilogramm Motorgewicht kamen rund sieben Kilogramm auf ein PS. Die Gebrüder Wright hatten zudem den ‹Flyer› mit einer großen Tragfläche ausgerüstet. Leicht in der Konstruktion und mit einem leistungsstarken Propeller angetrieben, bot er alle Voraussetzungen für einen erfolgreichen Flug. Den Wrights gelang es innerhalb von fünf Jahren, die alte Maschine so zu verbessern, daß sie über 30 PS lieferte, ein PS pro 2,7 Kilogramm Motorgewicht.

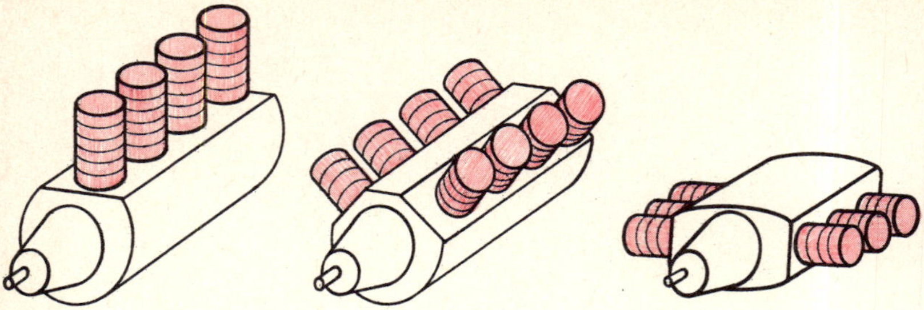

Reihenmotor   V-Motor   Boxer-Motor

Der Motor der Gebrüder Wright war im Grunde genommen ein veränderter Automotor mit «Reihen»-Konstruktion, bei der die Zylinder hintereinander lagen. Manlys Maschine war ein wassergekühlter «Sternmotor» mit kreisförmig angeordneten Zylindern, deren Kolben eine in der Mitte gelagerte Kurbelwelle antrieben. Jede Konstruktion hatte ihre Vor- und Nachteile. Da die Zylinder kreisförmig angeordnet sind, bietet ein Sternmotor mehr Luftwiderstand als der Reihenmotor. Andererseits erzeugte Manlys Maschine mehr PS im Verhältnis zu ihrem Gewicht und dem Raum, den sie einnahm.

Manly war seiner Zeit weit voraus, und die Sternanordnung tauchte erst wieder 1909 in dem sogenannten «Umlaufmotor» auf, in dem die Kurbelwelle starr blieb, während sich die Maschine mit dem Propeller in einem Kreis drehte. Um die Maschine mit Treibstoff und Öl zu versorgen, wurde die Kurbelwelle ausgehöhlt, und über diesen gewundenen Weg pumpte man ein Gemisch aus Benzin, das die Maschine antrieb, und Rizinusöl, das sie schmierte. Rizinusöl wurde im allgemeinen bei Flugzeugmaschinen verwendet, da es hitzebeständig ist und ausgezeichnete Schmiereigenschaften hat.

Das Bemerkenswerteste an den Umlaufmotoren waren aber nicht die kreisenden Zylinder, sondern die Tatsache, daß sie die ersten, erfolgreichen, luftgekühlten Motoren waren und so das Gewicht des Kühlers und der Kühlflüssigkeit wegfiel. Früher hatte man schon versucht, luftgekühlte Reihenmotoren zu bauen, doch entstanden bei diesen Konstruktionen häufig heiße Stellen an verschiedenen Teilen innerhalb des Motors. Beim Umlaufmotor wurden alle Zylinder gleichmäßig dem Wind ausgesetzt, und mit der Drehbewegung erreichte man eine zusätzliche, wirksame Kühlung. Erst am Anfang der zwanziger Jahre ließ sich eine angemessene Luftkühlung durch die Entwicklung der Aluminium-Zylinderköpfe ermöglichen. Der Motor selbst drehte sich nun nicht mehr, und damit wurde der Sternmotor brauchbarer.

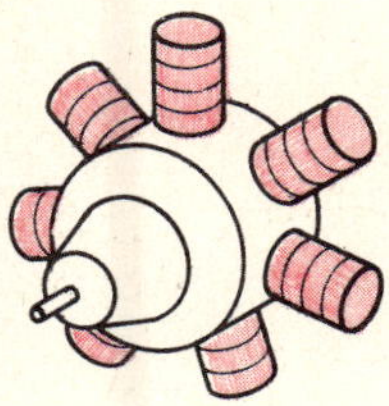

Einreihiger Sternmotor

Mehrreihiger Sternmotor

Flugzeug-Kolbenmotoren haben zwei grundlegend verschiedene Zylinderanordnungen, wie hier schematisch dargestellt wird. Bei den «Reihen»-Motoren sind die Zylinder in geraden Reihen angeordnet, während sie bei den «Stern»-Motoren in Kreisform gestellt werden. Jeder Typ hat seine Vorteile: die kleine Vorderfläche, die der Reihenmotor bietet, verringert den Luftwiderstand; der luftgekühlte Sternmotor liefert mehr Leistung pro Kilogramm Motorengewicht.

Der Umlaufmotor hatte aber mindestens zwei Nachteile. Einmal sprühte das Rizinusöl fortwährend in das Gesicht des Piloten zurück. Alte Fotografien zeigen Piloten mit Schals um den Hals, die ihnen ein forsches Aussehen gaben. Tatsächlich waren diese Schals nicht nur als Schutz gegen den Wind von Nutzen, der in den Nacken der Piloten zog, sondern als griffbereites Tuch, mit dem sie das Öl von ihren Schutzbrillen abwischten.

Der zweite Nachteil der Flugzeuge mit Umlaufmotoren war die durch die drehende Maschine hervorgerufene Kreiselwirkung, die das Flugzeug sehr störrisch werden ließ. Auf Grund der Drehbewegung der Maschine versuchte das Flugzeug in jeder Lage oder jedem Flugmanöver, in dem es gerade flog, zu verharren. Befand sich das Flugzeug im Geradeausflug, mußte der Pilot, der wenden wollte, seine Maschine erst einmal gewaltsam drehen, um sie von ihrem geraden Flugweg abzubringen. Einmal in der Querlage, drehte sie jedoch so lange weiter, bis sie erneut in den Geradeausflug gebracht wurde. Während des Ersten Weltkriegs versuchte man, diese Kreiseleigenschaften zu beseitigen und gleichzeitig die ausgezeichnete Kühlung des Umlaufmotors zu erhalten. Das Ergebnis war die Siemens-Halske-Maschine. Die Kurbelwelle und der Propeller drehten nun in die eine Richtung, während die Zylinder entgegengesetzt rotierten. Auf dem Papier erschien der Siemens-Halske-Motor zweckmäßig, aber in der Praxis mußte er ziemlich oft überholt werden.

Pferdestärken für Alkoholschmuggler

Einen 150-PS-Motor betrachtete man zu Beginn des Ersten Weltkriegs als ein sehr schwerfälliges Triebwerk. Der Krieg schraubte die Ansprüche hinauf: Man wollte schneller und höher fliegen und mehr Nutzlast befördern. Der Schlüssel zur Lösung war mehr Energie. Zu den neuentwickelten Motoren gehörte auch der amerikanische «Liberty»-Motor, dessen 12 Zylinder in zwei Reihen zu je 6 Zylindern in V-Stellung angeordnet waren und über

Diese Lepère hatte im Gegensatz zu ihrem Triebwerk eine ziemlich herkömmliche Bauweise. An das Triebwerk war zum erstenmal ein Vorverdichter montiert, der für das Fliegen in großen Höhen bestimmt war. Im Februar 1920 erreichte diese Maschine 10 000 Meter Höhe. Sie verbesserte den damaligen Rekord um 3200 Meter.

400 PS lieferten. Er wurde in Serien von tausend Stück produziert. Nachdem die Automobilindustrie in die Herstellung eingeschaltet worden war, stellte man schließlich mehr Liberty-Motoren als Flugzeuge her, und viele wurden in den Nachkriegsjahren für andere Zwecke verwendet. Die Liberty-Motoren blieben bis in die dreißiger Jahre hinein im Gebrauch. Einer von ihnen diente als Triebwerk in dem Wasserflugzeug NC-4 der amerikanischen Marine, das 1919 den ersten Transatlantikflug machte.

Zur Zeit der Prohibition (in den USA werden darunter vor allem die Jahre 1920 bis 1934 verstanden, in denen das Verbot der Alkoholherstellung und -abgabe ganz allgemein galt) erlangte der Name Liberty auf andere Weise Berühmtheit. Alkoholschmuggler kauften diese leichten und kräftigen Maschinen auf dem Überschußmarkt des Krieges, bauten sie in Motorboote ein und entkamen so mit ihrer wertvollen Ladung der Küstenwachblockade, die gegen Schmuggler errichtet worden war.

Seitdem stand die Weiterentwicklung des Sternmotors nicht mehr still. Immer stärkere und perfektere Motoren brachten vor allem die Entwicklung von Kolbenmotor-Flugzeugen auf einen Höhepunkt. Maschinen mit 28 Zylindern und über 3500 PS Leistung waren bald keine Seltenheit mehr.

Verbesserung der Leistung durch Vorverdichtung

Eine große Neuerung der zwanziger Jahre war die Vorverdichtung für Motoren, wodurch die Operationsmöglichkeit in großen Höhen verbessert wurde. Da der Kolbenmotor Luft atmet, wirkt sich jede Verminderung der

Luftzufuhr als Energieverlust aus. Wenn die Höhe zunimmt, beginnt die Luft dünner zu werden, und der Wirkungsgrad der Maschine verringert sich bis zu einem Punkt, bei dem der Motor das Flugzeug nicht mehr höher ziehen kann. Der Vorverdichter hält die Leistung der Maschine in großen Höhen, indem er die Luft vorkomprimiert. Dies wird mit Hilfe eines Kompressors erreicht, der die Zylinder in großen Höhen mit dichterer Luft versorgt.

Im Laufe der Entwicklung des Kolbenmotors bemühten sich die Konstrukteure und Hersteller, die Zuverlässigkeit zu verbessern, die vielleicht der wichtigste Leistungsfaktor ist. Zuverlässigkeit heißt in erster Linie Sicherheit, denn das Leben des Fliegers ist von ihr abhängig. Außerdem werden die Unterhaltskosten für den Flugzeugeigentümer niedriger. In den Anfängen des Flugwesens mußte eine Maschine ständig gepflegt und überholt werden. In der Zeit nach dem Zweiten Weltkrieg, dem Höhepunkt des Kolbenmotors, konnten die großen und sehr komplizierten Triebwerke länger als 2500 Stunden laufen, ehe sie überholt werden mußten. Ohne diesen großen Gewinn an Zuverlässigkeit wäre das Aufkommen des preisgünstigen Zivilluftverkehrs beträchtlich verzögert worden.

Das Gefühl eines Fliegers für seinen Motor, seine Abhängigkeit und Dankbarkeit wurden wohl kaum besser ausgedrückt als von Charles Augustus Lindbergh (*1902). Er beschrieb den Motor seines Flugzeugs ‹Spirit of St. Louis›, in dem er als erster den Atlantik in West-Ost-Richtung nonstop überquerte, mit folgenden Worten: «Das hier ist das Äußerste an Leichtigkeit und an Kraft – zweihundertdreiundzwanzig Pferde sind in neun empfindliche, von Kühlrippen umgebene Zylinder aus Aluminium und Stahl gepreßt. Dieser verwickelten Perfektion soll ich mein Leben über dem Atlantischen Ozean anvertrauen.

Die inneren Organe dieser Maschine – das Verbindungsgestänge, die Nocken, Triebräder und Lager – werden sich viele hundert Male in jeder Minute drehen, Funken springen, Zähne greifen ineinander, Kolben stoppen und beschleunigen bei unbegreiflichen Geschwindigkeiten. Und ich verlange, daß sich dieser Vorgang vierzig Stunden lang wiederholt, über die ganze 5810 Kilometer zwischen New York und Paris. Kein Mechanismus scheint solche Anstrengungen aushalten zu können . . .»

Der gefährliche Propeller

Da die Leistung der Maschine höhergetrieben worden war, mußte auch die Antriebsvorrichtung verbessert werden, nämlich der Propeller, der die größte Gefahrenquelle seit den Pionierzeiten der Flugtechnik darstellte. Bis in die zwanziger Jahre wurden alle Propeller aus Holz gefertigt. Bei nassem Wetter saugten sie leicht Wasser auf, und wenn nun ein Blatt mehr als das andere aufsog, erhielt der Propeller eine Unwucht, und das Flugzeug begann stark zu vibrieren. Die Propeller flogen manchmal in der Luft auseinander. Wenn nur ein Blatt abbrach, konnte die erzeugte Unwucht – was auch oft geschah – den Motor aus dem Flugzeug reißen.

Je stärker die Motoren wurden, desto schneller mußten sich die Propeller drehen. Dadurch ergaben sich sehr hohe Geschwindigkeiten an den Propellerenden. Bei jedem drehenden Mechanismus – sei es ein Propeller, ein Autorad oder ein Karussell – wird die Geschwindigkeit mit dem Abstand zum Drehpunkt größer, denn der äußere Reifen oder die Spitze muß einen größeren Weg bei jeder Umdrehung zurücklegen. Die hohe Geschwindigkeit der Spitze erzeugte möglicherweise eine zerstörende Vibration.

Um die Mängel eines Holzpropellers zu beseitigen, probierten die Flugzeugfabrikanten Aluminium aus. Aber die Metallurgie steckte noch in den Anfängen, und die Aluminiumpropeller waren Rissen und Aushöhlungen gegenüber sehr anfällig. Manchmal wurden sie während des Fluges sogar weggeschleudert. Die ersten Stahlpropeller probierte man in den zwanziger Jahren aus. Sie verursachten aber häufig Störungen, gelegentlich sogar noch vor dem Abheben. Propellerspezialisten unterwarfen im Jahre 1921 einen der ersten Stahlpropeller einem Testlauf mit der doppelten vorgesehenen Belastung auf einem elektrischen Versuchsstand. Er schien die Beanspruchung gut zu überstehen und wurde deshalb in einem Labor an einen stationären Flugzeugmotor montiert. Man beschleunigte den Propeller bis zur vollen Geschwindigkeit – in dem Moment brach ein Blatt ab, schlug durch eine Schalttafel, flog zwischen den Köpfen zweier Techniker vorbei eine Treppe hinauf und durch das Dach hinaus. Der Motor war in Schrott verwandelt.

Die jahrelangen Experimente führten zu verläßlicheren Konstruktionen und Herstellungstechniken, besonders durch die Verringerung der Eigenvibration bei hohen Umdrehungsgeschwindigkeiten. Das Versagen der Propeller hörte damit praktisch auf, den Wissenschaftlern und Piloten ernsthafte Schwierigkeiten zu bereiten.

Diejenigen, die voraussahen, daß die Forschung der Aerodynamik hohe Geschwindigkeiten und vielleicht sogar Überschallgeschwindigkeiten ermöglichen würde, kamen zu dem Schluß, daß sogar der beste Propeller keine große Zukunft haben konnte. Sie erkannten, daß der Kolbenmotor eine Leistungsgrenze bei vielleicht 5000 PS hatte, und je stärker die Maschine, desto größer das Problem der hohen Geschwindigkeit an den Propellerenden.

Die Bahngeschwindigkeit der Propellerenden liegt weit über der Fluggeschwindigkeit, so daß schon bei einem 725 Stundenkilometer fliegenden Flugzeug die Propellerspitzen in den Überschallbereich geraten. Damit nimmt der Wirkungsgrad des Antriebs rasch ab. Der Weltrekord für Kolbenmotorenmaschinen wird daher immer noch von der Messerschmitt Me 109 R aus dem Jahre 1939 gehalten: 755,138 Stundenkilometer. Wollte

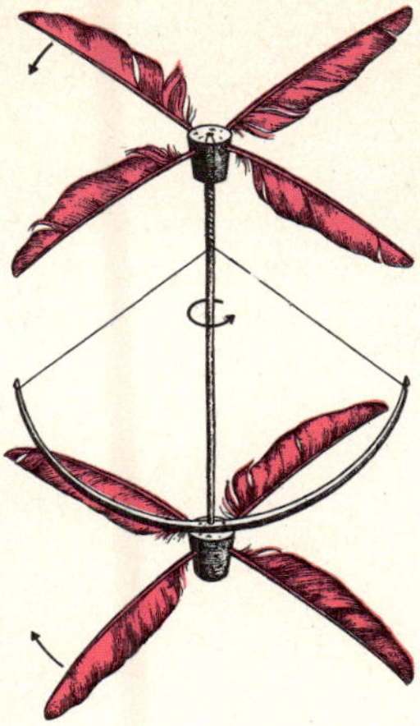
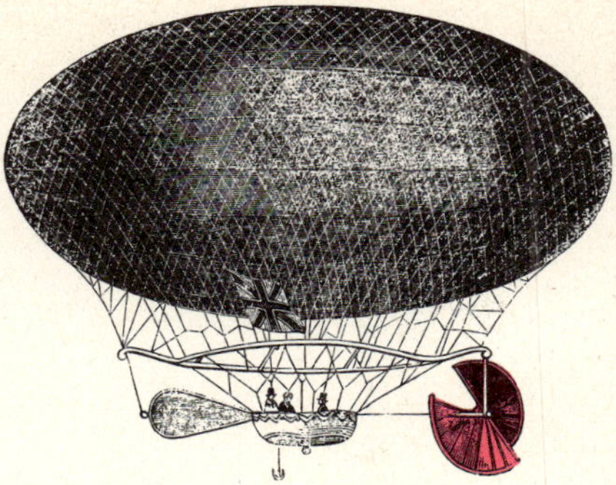
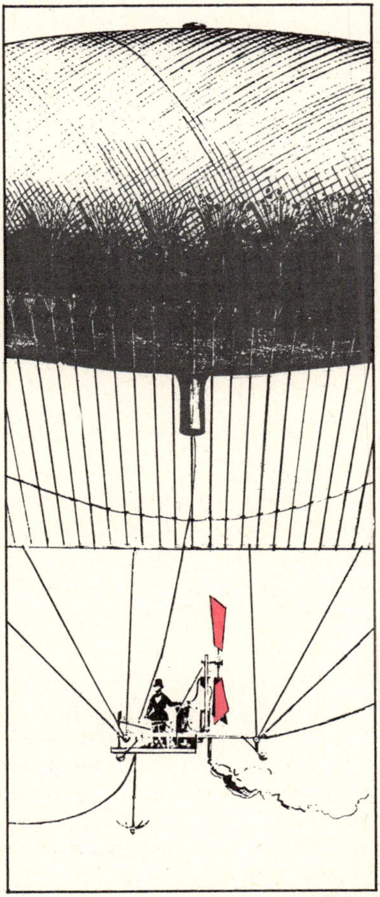

Die Luftschraube tauchte während der achtziger Jahre des achtzehnten Jahrhunderts in Europa auf. Dieses Hubschrauber-Spielzeug (oben links) ging auf eine alte chinesische Konstruktion zurück und hatte zwei Propeller, die durch eine aufgespulte Bogensehne entgegengesetzt gedreht wurden. Es kann als der direkte Vorfahre des Hubschrauberrotors betrachtet werden.

Ein Markstein in der Entwicklung des Propellers war erreicht, als der irische Experimentator Monck Mason eine uhrwerkgetriebene Luftschraube in ein 13,5 Meter langes Modelluftschiff einbaute (oben Mitte).

Der französische Ingenieur Henry Giffard (1825–1882) brachte eine dampfgetriebene Luftschraube an einem Freiballon (rechts) an. Er führte damit 1852 in Paris den ersten propellergetriebenen, bemannten Flug aus.

Ganz rechts der schon relativ moderne Propeller, den die Gebrüder Wright benutzten. Er verwandelte 66 Prozent der Rotationsenergie in Vortrieb.

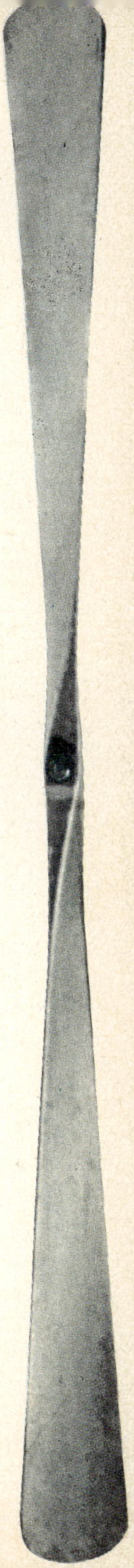

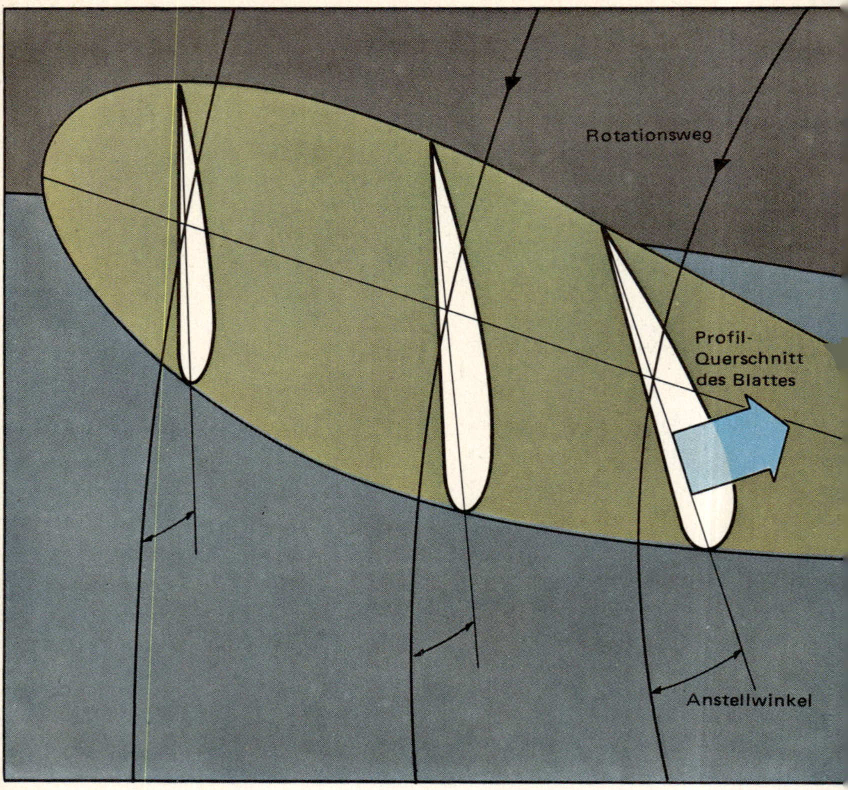

man also weiterkommen, so ließ sich eine neue Antriebsquelle nicht umgehen.

Neue Dimensionen der Kräfte

Die Entwicklung einer solchen Kraftquelle begann schon in den frühen dreißiger Jahren. Es war die Rückstoßmaschine oder das Turbostrahltriebwerk, wie es später genannt wurde. Im Grunde genommen ist eine Turbodüse ein sehr einfacher Mechanismus: sie sieht wie ein Bierfäßchen mit offenen Böden aus. Riesige Mengen von Luft werden am vorderen Ende eingesaugt und mechanisch komprimiert. In der Mitte des Fäßchens befindet sich eine Brennkammer, in die die komprimierte Luft hineingedrückt und Treibstoff eingespritzt wird. Bei der Verbrennung dieser Mischung erhöht sich die Temperatur sehr stark. Das Gas dehnt sich dabei aus und

Von der Spitze bis zum Mittelpunkt zeigt ein Propellerblatt im Querschnitt seine Flügelprofilformen, die mit stetig steigendem Winkel geneigt sind. Die Teilstücke des Propellers folgen auf ihrem Weg durch die Luft den schwarzen, gebogenen Linien. Der Anstellwinkel zum relativen Wind wird zwischen diesen Linien und den Geraden gezeigt, die von der Blatthinterkante über die Vorderkante der Blattquerschnitte gezeichnet sind. Wie bei einer Tragfläche steht die resultierende Kraft senkrecht zu der Geraden (Pfeil).

drängt aus der Schubdüse am Ende des fäßchenförmigen Düsenaggregats heraus. (Ein Teil der Energie wird dazu benutzt, eine Turbine zu drehen, die den Kompressor antreibt.) Entsprechend dem dritten Newtonschen Axiom ruft jede Aktion eine gleiche und entgegengesetzte Reaktion hervor. Die Reaktion auf den rückwärts gerichteten Schub der heißen Gase ist ein Schub nach vorn von genau der gleichen Größe.

Man glaubt im allgemeinen, daß der Düsenantrieb für Flugzeuge eine neuzeitliche Entwicklung sei, jedoch ist seine Theorie fast so alt wie der Motorflug und wurde schon vor 1908 vorgeschlagen. In den zwanziger Jahren versuchte man eine Flugzeuggasturbine zu bauen – leider erfolglos. Das Düsenzeitalter begann tatsächlich erst, als 1928 der 21jährige Engländer Frank Whittle (*1907) seine erste Arbeit über den Rückstoßantrieb veröffentlichte. Zwei Jahre später wurde ihm das erste Patent auf eine Gasturbine erteilt.

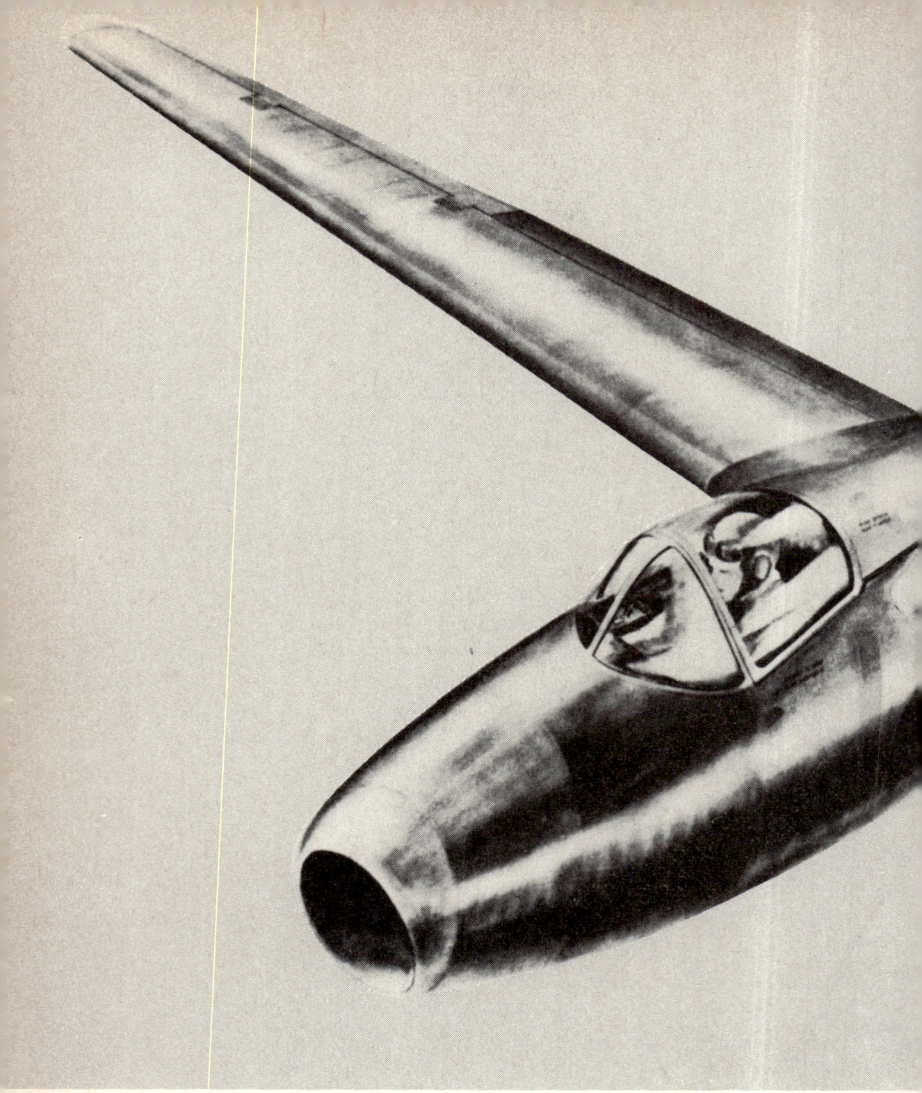

*Als erstes Strahlflugzeug der Welt startete die hier in einer Zeichnung dargestellte Heinkel He 178 am 27. August 1939 vom Flughafen Marienehe in Rostock. Im Cockpit saß der Testpilot Erich Warsitz (*1906), der die Maschine bei mehreren Platzrunden sieben Minuten in der Luft hielt, bevor er sicher landete.*

*Über einen neuen Antrieb für Flugzeuge hatte man sich schon lange Gedanken gemacht. In den dreißiger Jahren ermöglichten dann neue Konstruktionen höhere Geschwindigkeiten, als man mit Kolbenmotoren erreichen konnte. Man begann zuerst in England und etwas später in Deutschland nach einem neuen Antriebsprinzip zu suchen. 1934 begann der Student Hans von Ohain (*1911) an Problemen des Düsenantriebs zu arbeiten. Die Ergeb-*

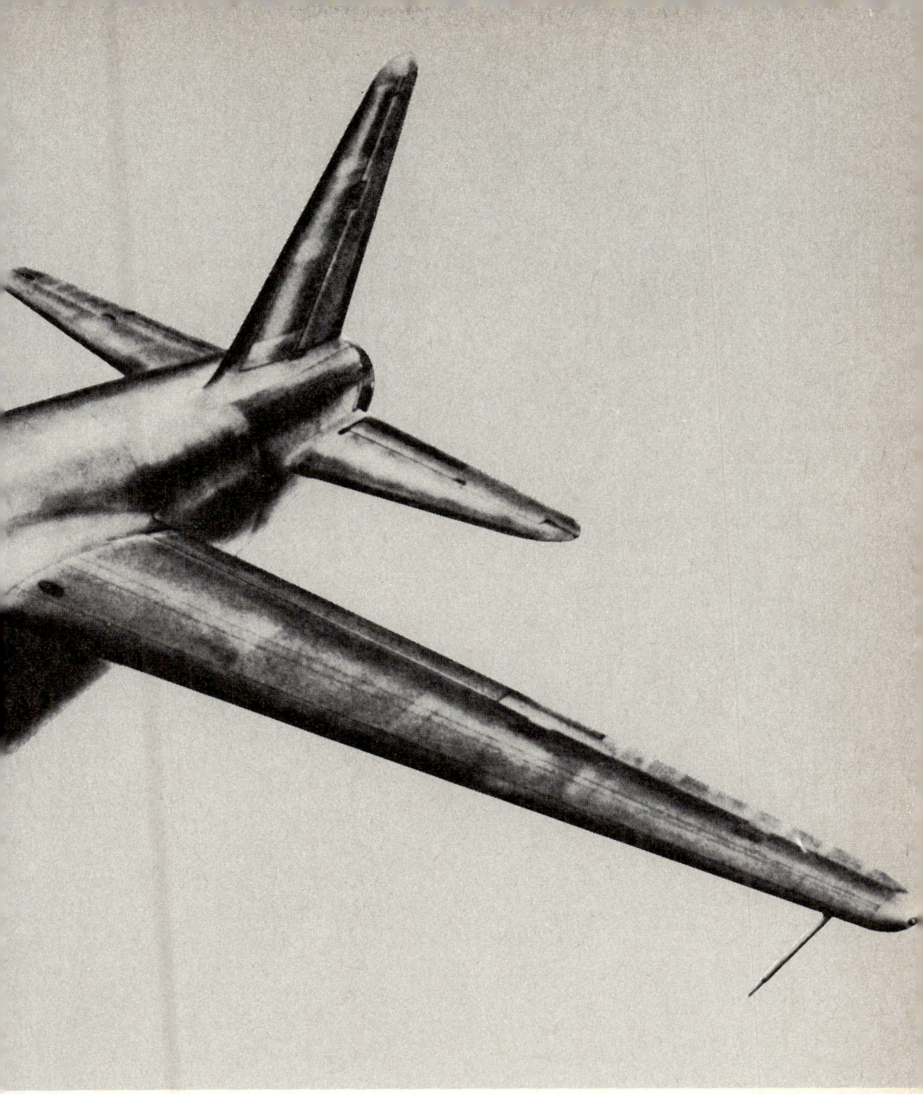

*nisse, die er vorlegte, ähnelten dem englischen Vorschlag von Frank Whittle (*1907), wenn er auch in vielen Details andere Lösungen wählte. Sein technisch fortschrittliches Konzept und die Unterstützung, die er bei Ernst Heinkel (1888–1958) fand, ließen ihn schneller ans Ziel kommen als seinen englischen Konkurrenten. Beide arbeiteten völlig unabhängig voneinander, internationale Zusammenarbeit war damals nicht möglich. Erst 1943 erfuhr Ohain von den englischen Projekten, zu einem Zeitpunkt also, als die ersten englischen Düsenkampfflugzeuge vom Typ Gloster Meteor zum Einsatz kamen.*

Heute beherrschen die Düsenflugzeuge den Luftverkehr. Nur noch für wenige Zwecke werden Propellermaschinen gebaut.

Die Messerschmitt Me 262 war nicht nur das erste Düsenkampfflugzeug der Welt, es war überhaupt das erste düsengetriebene Flugzeug, das uneingeschränkt seinen Verwendungszweck erfüllte. Als Jagdflugzeug entworfen, wurde es zunächst zum Bomber umgestaltet, was erstens Zeitverluste brachte und zweitens bei einer reduzierten Reichweite von maximal 150 Kilometern wenig Effekt erwarten ließ. Erst in den letzten Kriegsmonaten bewährte sich die Me 262 als Jäger, ohne noch große Wirkung zu erzielen. Vom Typ Me 262 wurden insgesamt fast 1500 Maschinen gebaut.

Voll von jugendlichem Enthusiasmus wollte Whittle sofort seine Maschine bauen, bekam aber nicht die nötige finanzielle Unterstützung. Er erhielt nur die höflichen Erklärungen der Ingenieure, daß das Prinzip brauchbar erschien und funktionieren könnte – eines Tages vielleicht. «Die wissenschaftliche Untersuchung der Möglichkeiten», sagte der britische Staatssekretär für Luftfahrt im Jahre 1934, «hat nicht darauf hingedeutet, daß diese Methode eine ernsthafte Konkurrenz für die Kombination einer Luftschraube mit einem Motor sei.» Whittle gab jedoch nicht auf, und als im April 1937 seine erste Turbine lief, überzeugte sie sogar das Luftfahrtministerium von der Förderungswürdigkeit des Projektes.

Als England schon tief in den Krieg verwickelt war, trieb die W-1-Turbine zum erstenmal am 15. Mai 1941 ein Flugzeug in der Luft an. Ein Zeuge dieses Fluges war ein Pilot der britischen Luftwaffe, der an diesem Abend in der Offiziersmesse mit verdutztem Gesicht dasaß. Da war doch etwas Ungewöhnliches bei dem, was er gesehen hatte, aber Genaueres war ihm entgangen. Dann sprang er plötzlich auf. «Mein Gott, Jungs», sagte er, «ich werde verrückt, das Ding hatte keinen Propeller!» Whittles Flug war jedoch nicht der erste, bei dem ein Düsenaggregat als Antrieb diente.

In Deutschland hatte eine Gruppe von Ingenieuren zwar später mit der Arbeit begonnen, kam jedoch schneller voran. Im Jahre 1935 patentierte man dem Physikstudenten Hans von Ohain (*1911), der heute in der Stadt der Gebrüder Wright, Dayton im amerikanischen Bundesstaat Ohio, lebt, den Entwurf eines Triebwerkes, das in seinem Aufbau Whittles Maschine ähnlich war, sich jedoch in der Anordnung im Innern unterschied. Ein Jahr

später stellt Ernst Heinkel (1888–1958) Ohain in seinen Flugzeugwerken an, damit er seine Maschine weiterentwickelte. Schon im März 1937 hatte er ein kleines Vorführungsmodell des Triebwerks mit einer Schubleistung von 250 Kilopond gebaut. Er beeindruckte die führenden Persönlichkeiten von Heinkel, die die Konstruktion eines einsatzfähigen Triebwerks anordneten. Die erste Ohain-Maschine, die nach dem Entwurf 840 Kilopond Schub abgeben sollte, entwickelte weitaus weniger Kraft als erwartet. Daraufhin bauten Heinkel und Ohain eine abgeänderte Version für 500 Kilopond Schub, die alle Erwartungen erfüllte. Diese Maschine wurde in das Kampfflugzeug Heinkel He 178 eingebaut, und der erste düsengetriebene Flug in der Geschichte fand am 27. August 1939 statt, wenige Tage vor dem Einmarsch deutscher Truppen nach Polen. Es war, als sollte das Düsenflugzeug gerade noch zur Perfektionierung des Krieges zurechtkommen. Aber erst 1943 konnten die ersten Düsenmaschinen in die Kämpfe eingreifen, ohne allerdings große Wirkung zu erzielen.

Ein verbesserter Entwurf

Seit diesen Anfängen wurde die Entwicklung der Düsenmaschine unter dem Druck der Kriegsrüstung stark forciert. Im Herbst 1943 lieferte Messerschmitt das erste serienmäßig hergestellte Düsenkampfflugzeug, die Me 262. Ein knappes Jahr darauf erschien die britische Gloster Meteor. Beide steckten noch in den Kinderschuhen und spielten nur eine geringe Rolle in den Kämpfen.

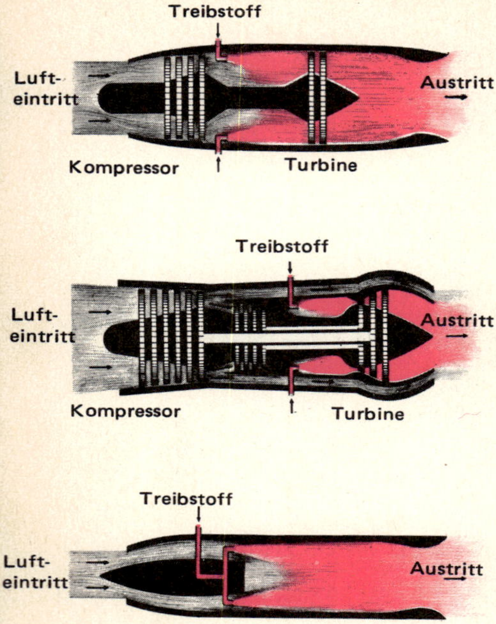

Das Turbinen-Strahltriebwerk (oben) erzeugt seinen Schub durch den Ausstoß von sich ausdehnenden Gasen. Die vorn eingesaugte Luft wird zuerst komprimiert, dann zurück in die Brennkammer gedrückt und mit Treibstoff gemischt. Die Entzündung dieser Mischung erzeugt einen Stoß nach hinten durch die sich ausdehnenden Gase, die das Flugzeug nach vorn treiben und die Kompressorturbine antreiben.

Das Zweikreistriebwerk (Mitte) bewegt größere Luftmengen. Ein großer Teil der Luft wird abgezweigt und um die Turbine herumgeleitet, wonach sie sich am Austritt mit den heißen Gasen mischt. Die kühlere umgeleitete Luft verbindet sich mit den heißen Gasen.

Das Staustrahl-Triebwerk (unten) ist das am weitesten entwickelte und gleichzeitig einfachste aller Düsentriebwerke: Es ist kräftig genug, ein Flugzeug bis zu und auch über Mach 2 anzutreiben, und hat dabei keine beweglichen Teile. Da die Luft durch Aufstau komprimiert wird, wenn sie in den Triebwerkseinlauf eintritt, sind Kompressor und Turbine überflüssig.

Die Zivilluftfahrt nahm das reine Düsenaggregat in den Nachkriegsjahren erst langsam in Gebrauch. Wegen des hohen Treibstoffverbrauchs betrachteten die Fluggesellschaften das Düsenaggregat als unwirtschaftlich. Deshalb suchten die Flugzeugingenieure die Zwitterkonstruktion der dreißiger Jahre wieder heraus, das Propeller-Turbinentriebwerk, bei dem der Propeller von einer Turbine und nicht von einem Kolbenmotor angetrieben wird. Die Propellerturbine wurde nur ungefähr zehn Jahre lang als Haupttriebwerk für Verkehrsflugzeuge produziert – bis weitere Forschungen und Entwicklungen an der Strahlturbine die anfänglichen wirtschaftlichen Vorteile der Propellerturbine ausgeglichen hatten. Flugzeuge, die durch Propellerturbinen angetrieben werden, sind immer noch für Kurzstreckenflüge im Dienst. Die Propellerturbine findet außerdem ihre Anwendung bei senkrecht startenden Flugzeugen und einigen fortschrittlichen Hubschrauberkonstruktionen.

Bei dem Turbinenstrahltriebwerk oder dem sogenannten «reinen Strahltriebwerk» ist das Zweikreistriebwerk vielleicht die bedeutendste Neuerung, die bis heute erfunden wurde. Die Kraft oder der Schub, der sowohl von der Strahltriebwerk als auch von dem Zweikreistriebwerk erzeugt wird, ist nicht nur ein Beispiel für das dritte Newtonsche Axiom, sondern auch das zweite Newtonsche Axiom spielt eine Rolle. Es besagt, daß eine bestimmte Beschleunigung einer gegebenen Masse (in diesem Fall die Luft) eine bestimmbare Kraft erzeugt. Größere Schubkräfte kann man also dadurch gewinnen, indem man entweder die Beschleunigung der Luft erhöht oder aber eine größere Menge ausstößt.

Ein unersättlicher Luftfresser

Bei dem Zweikreistriebwerk tritt das Gas langsamer aus als bei der Strahlturbine. Diese geringere Geschwindigkeit würde weniger Schub erzeugen. Aber die Luftmenge, die durch das Zweikreistriebwerk geleitet wird, ist viel größer als bei der Strahlturbine und bewirkt einen stärkeren Schub. Das Zweikreistriebwerk saugt weitaus mehr Luft ein, aber nur die Hälfte davon wird in die Brennkammer geleitet, während die übrige Luft um sie herum geführt wird. Dadurch hat die Zweikreistriebwerkturbine eine größere Schubwirkung bei geringerem Treibstoffverbrauch als die Strahlturbine.

Das Düsenaggregat ist zwar ein Treibstoff-Vielfraß, doch wird diese negative Eigenschaft durch die hohe Schubleistung ausgeglichen. Fast alle der ersten Düsenaggregate verbrauchten ungefähr ein Kilogramm Treibstoff, um ein Kilopond Schub eine Stunde lang zu entwickeln. Laufende Verbesserungen aller Einzelteile der Maschine haben den Verbrauch um die Hälfte gesenkt, und die Wirtschaftlichkeit soll noch weiter erhöht werden.

Von Anfang an hatte die Strahlturbine eine günstige Relation von Schub zu Gewicht, da sie ein verhältnismäßig einfaches Triebwerk mit geringem Eigengewicht ist. Das erste Düsenaggregat erzeugte ungefähr 1,2 Pond Schub pro Pfund Maschinengewicht. Und obwohl die Turbinentriebwerke heute beträchtlich größer sind und viel von ihrer Einfachheit verloren haben, arbeiten sie mit einem Verhältnis von mehr als 5 : 1. Die Leistungsspitze des Schubs, die sich bei den Maschinen von Whittle und von Ohain um 450 Kilopond bewegte, konnte auf heute 18 000 Kilopond gesteigert werden. Man plant bereits Maschinen mit 27 000 Kilopond Schub.

Die hohen Geschwindigkeiten, die eine Strahlturbine ermöglicht, setzen ihrem Anwendungsbereich paradoxerweise bestimmte Grenzen. Denn bei hoher Geschwindigkeit erzeugt die große Luftmasse, die gegen die Lufteinlaßkanäle eines Düsenflugzeugs geschoben wird, einen immer größer werdenden «Staudruck». Dort, wo sich die Luft am Einlaß staut, wird diese Kompression von einer beachtlichen Temperaturerhöhung der Luft begleitet. Bei Mach 3, der dreifachen Schallgeschwindigkeit, wird die Luft in stratosphärischen Höhen durch den Staueffekt beim Eintritt in das Düsenaggregat auf ungefähr 335° C erhitzt. Bei Mach 4 springt die Staudrucktemperatur auf fast 650° C.

Der Schlund einer Rolls-Royce-Düsenstrahlturbine, das Triebwerk vieler moderner Flugzeuge, erscheint kaum imponierender als ein Küchenventilator. Aber sie ist bis heute eines der wirkungsvollsten Triebwerke. In der Zeit, die es zum Erreichen der Reisehöhe braucht, schluckt dieses Triebwerk genügend Luft, um einen Zeppelin damit zu füllen, mehr Luft, als ein normaler Mensch in zwanzig Jahren ein- und ausatmet. Diese Luft wird mit ungeheurer Geschwindigkeit ausgestoßen, so daß eine Schubwirkung entsteht, die Düsenriesen wie die Boeing 707 steil in die Luft hebt.

Seit der Entwicklung dieser neuen Antriebsmöglichkeit hat die Luftfahrt in dreißig Jahren einen ungeheuren Aufschwung erlebt, der noch immer nicht zu Ende ist. Flugzeuge mit enormen Höchstgeschwindigkeiten und phantastischen Ausmaßen haben die Maschinen verdrängt, die uns noch vor zwanzig Jahren als Gipfelpunkte technischer Entwicklung erschienen.

Die Düsentriebwerke und die immer höheren Geschwindigkeiten, die erreichbar wurden, haben das Aussehen der schnellen Flugzeuge gewandelt. Bereits 1952 erprobte die amerikanische Luftwaffe die Douglas F-4 D ‹Skyray› (linkes Bild), die mit ihren geradegestellten Stummelflügeln und dem Zwillingstriebwerk als Versuchsmaschine für Mach 2 konzipiert wurde. – Das gefährlich aussehende Flugzeug (rechtes Bild) ist der F-104 Starfighter, der

Die Lufttemperatur steigt sogar noch weiter, wenn bei einem normalen Strahltriebwerk diese erhitzte Luft durch den Verdichter noch zusätzlich komprimiert wird. Bei dem Eintritt in die Brennkammer kann sie schon so heiß sein, daß jede weitere Erhitzung die Metallturbine in Gefahr brächte, die die Kompressoren betreibt. Diese Höchstgrenze der Auspufftemperatur bedeutet einen Energieverlust. Die Schubwirkung, die das Flugzeug antreibt, beruht auf dem Temperaturunterschied zwischen der Luft, die in die Verbrennungskammer eintritt, und den verbrannten Auspuffgasen. Der Schub wird merklich geringer, wenn der Temperaturunterschied sich verringert. Verminderter Unterschied bedeutet geringere Ausdehnung des Gases, und ohne Ausdehnung wird kein Schub erzeugt.

So erforderte die Geschwindigkeit von Mach 3 bis Mach 4 die Konstruktion eines neuen Triebwerktyps, den heutigen Treibstoffen und Ma-

für Mach 2,2, ungefähr 2350 Stundenkilometer, gebaut wurde. Er hat mehr Flugstunden bei dieser Geschwindigkeit abgeleistet als jeder andere Flugzeugtyp. Seine Tragflächen sind dünn und kurz, um den Widerstand der Überschallgeschwindigkeit zu vermindern, aber sie sind fast ganz gerade, um die Manövrierfähigkeit für geringere Geschwindigkeiten zu erhalten.

schinenmaterialien angepaßt. Diese modernste Konstruktion ist seltsamerweise auch die einfachste bisher bekannte Art eines Flugzeugantriebs, denn sie hat keine beweglichen Teile.

Eine einfache Konstruktion

Sie heißt Staustrahltriebwerk und wird häufig als Ofenröhre bezeichnet, da die Arbeitsweise sehr einfach ist. Sie sieht wie eine Strahlturbine ohne Kompressor und ohne Turbine aus. Ein Staustrahltriebwerk ist nur ein besonders geformtes offenes Rohr mit einer Brennkammer und einem Treibstoffeinspritzsystem. Die Kompression wird nur durch den Staudruck erzeugt, und so braucht man weder ein Kompressorsystem noch eine Turbine, die überhitzt werden könnte.

Da der Staudruck nur bei beträchtlichen Geschwindigkeiten auftritt, können Staustrahltriebwerke nicht aus dem Stand anlaufen oder bei niedrigen Geschwindigkeiten wirksam funktionieren. Weil ein Flugzeug aber sowohl mit hohen als auch mit niedrigen Geschwindigkeiten fliegen muß, wurde ein zwitterartiges Triebwerk als Lösung vorgeschlagen, das Turbo-Staustrahltriebwerk. Bei niedrigen und mittleren Geschwindigkeiten arbeitet es wie eine normale Strahlturbine. Erreicht das Flugzeug den Geschwindigkeitsbereich, in dem ein Staustrahltriebwerk wirksam arbeitet, wird der Zugang zu dem Kompressor mechanisch versperrt. Der Luftstrom umgeht nun den Kompressor und wird in dem hinteren Teil der Staustrahldüse durch die Verbrennung des Treibstoffs erhitzt.

Beachtenswert ist noch ein anderer Typ des Triebwerks, das Raketentriebwerk, das in dieser Form in Flugzeugen und nicht in Projektilen Verwendung finden soll. Ebenso wie die Strahlturbine und das Staustrahltriebwerk erzeugt die Rakete den Schub durch die Ausdehnung der Auspuffgase, die durch die Verbrennung von Treibstoff entstehen.

Die Rakete ist jedoch unabhängig von dem Sauerstoff in der Atmosphäre. Sie muß also das Oxydationsmittel, ohne das keine Verbrennung stattfinden kann, selbst tragen und mit dem Treibstoff für die Verbrennung vermischen. Das Raketentriebwerk kann einen extrem hohen Schub erzeugen. Während schon die Düsenturbine ein Treibstoff-Fresser ist, ist das Raketentriebwerk ein unersättlicher Vielfraß und verbraucht enorm viel Treibmittel. Die an Bord eines Flugzeugs mitgeführte Treibstoffmenge begrenzt entsprechend die Laufzeit der Maschine, und bis zum heutigen Tage erreichte ein Flugzeug mit Raketenantrieb eine maximale Brenndauer von zehn Minuten.

Die hier gezeigte Lockheed YF-12 A wurde 1962 entwickelt. Sie war der schnellste Abfangjäger der Welt mit erreichten Geschwindigkeiten von über Mach 3. 1969 wurde sie außer Dienst gestellt. Diese lange, spitze Maschine mit ihren Deltaflügeln zeigt deutlich, welchen Einfluß der Wunsch nach hoher Geschwindigkeit auf das Aussehen des Flugzeugs hatte.

Die äußerste Konzentration von Geldmitteln und Talent auf die Raumfahrtforschung hat die Entwicklung des Raketentriebwerks beschleunigt. Weitere Arbeiten an diesem Antriebstyp werden vielleicht die Anwendung für ausgedehnte Dauerflüge ermöglichen. In der nächsten Zukunft wird jedoch die Strahlturbine das Triebwerk sein, das für große Flugzeuge und vielleicht auch für viele kleinere Typen an erster Stelle in Frage kommt. Das luftatmende Düsentriebwerk hat aber immer noch nicht das Ende seines Entwicklungsganges erreicht. Es treibt zwar Militärflugzeuge bis zu fast 3 Mach an, aber die Theoretiker der Aeronautik betrachten diese Geschwindigkeiten wie ein Pilot des Ersten Weltkriegs die Flüge der Gebrüder Wright. Man spricht schon über Flugzeuge, die in der Stratosphäre mit Geschwindigkeiten fliegen, die an Mach 25 heranreichen – ungefähr 26 500 km/h. Doch wird bis zur Realisierung dieser Pläne noch eine Reihe von Problemen zu lösen sein, da das gesamte Luftverkehrswesen im Hinblick auf derartige Geschwindigkeiten eine entsprechende Umorientierung durchlaufen muß, die die verschiedensten Bereiche erfassen wird.

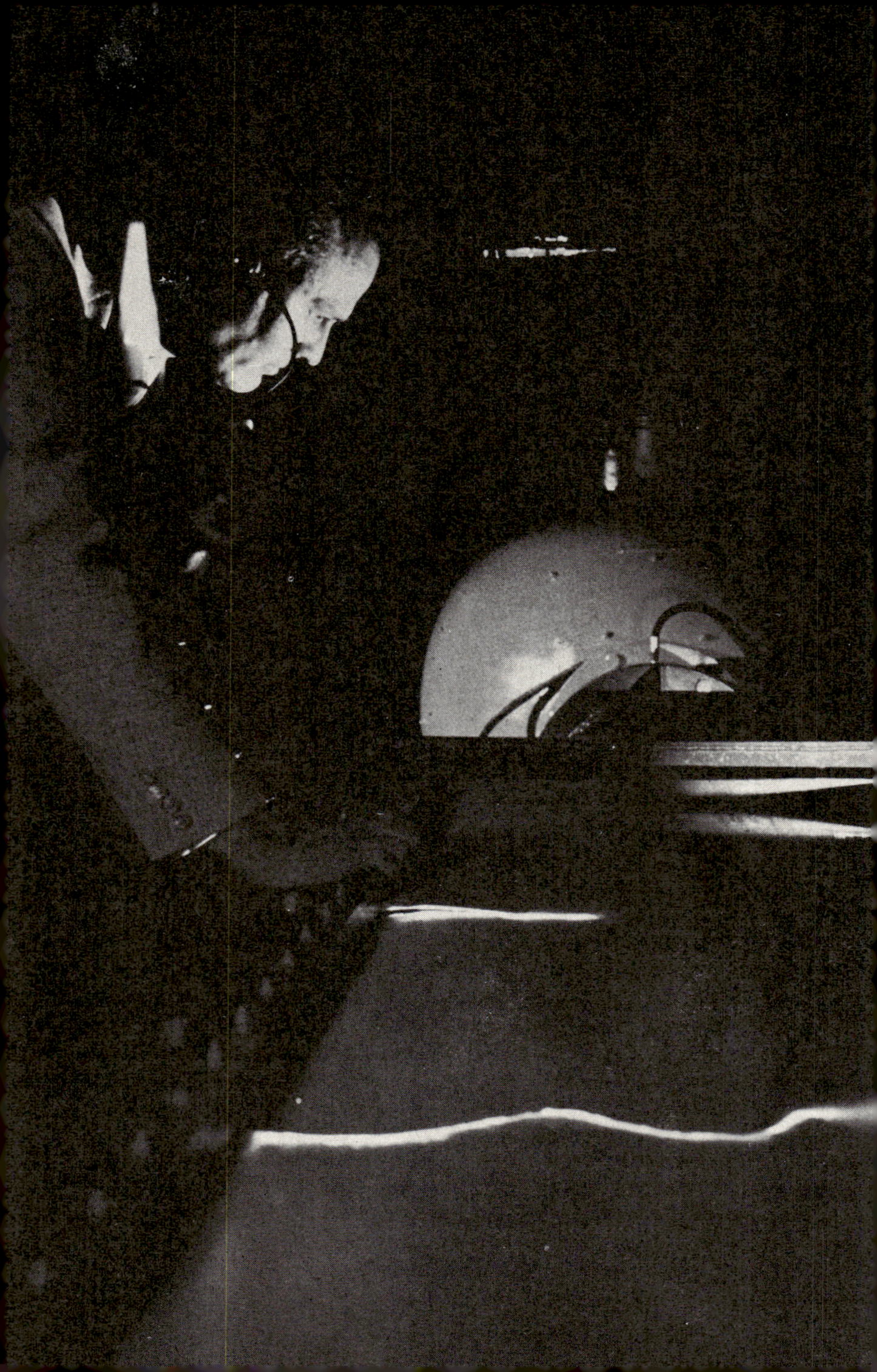

5

Fortschritte in der Konstruktion

Im Mai 1952 erreichte die Entwicklung der Luftfahrt einen bedeutenden Meilenstein, als die British Overseas Airways Corporation (BOAC) düsengetriebene Verkehrsmaschinen für die Zivilluftfahrt einführte. Jetzt konnten Zivilpassagiere mit Geschwindigkeiten befördert werden, die bisher nur von Militärflugzeugen erreicht wurden. Das Flugzeug war die De Havilland Comet. 20 Monate lang war es das einzige Düsenverkehrsflugzeug im Einsatz, während die amerikanischen Konstruktionen auf den Zeichentischen dahindämmerten. Dann ereignete sich am Morgen des 10. Januar 1954 ein verhängnisvolles Unglück.

Mit 29 Passagieren und einer Besatzung von sechs Mann an Bord startete eine Comet von dem Flughafen Ciampino in Rom. Sie stieg durch die dünne, aufgerissene Wolkendecke und nahm Kurs auf London. Kaum eine Stunde nach dem Start stürzte das Flugzeug in der Nähe der Insel Elba in das Meer. Alle Insassen kamen ums Leben.

Die Welt war über diese Tragödie bestürzt. Die BOAC erteilte allen Comet-Flugzeugen Startverbot. Das Royal Aircraft Establishment begann sofort mit einer gründlichen Untersuchung einschließlich einer Rekonstruktion des Flugzeugs, soweit sie mit den Teilen möglich war, die Taucher aus einer Meerestiefe von 130 bis 180 Metern heraufholten. Doch man konnte keinen Grund für den Absturz finden. Der Flugdienst wurde wiederaufgenommen. Danach, am 8. April, ereignete sich eine zweite Tragödie unter bemerkenswert ähnlichen Umständen.

Dieses Mal war eine Comet mit 21 Menschen an Bord betroffen, die auf dem Flug von Rom nach Kairo war. Das Düsenverkehrsflugzeug tauschte 33 Minuten nach dem Start einen Routinefunkspruch mit Kairo aus. Ungefähr fünf Minuten später stürzte es in das Mittelmeer, südöstlich von Neapel. Wieder überlebte niemand das Unglück. Das britische Ministerium für Transport- und Zivilluftfahrt zog die Anerkennung für die Lufttüchtigkeit der Comet zurück.

Winzige Risse wurden durch den schrillen Heulton einer Sirene in dem Stück einer neuen Legierung erzeugt. Die Ohren des Ingenieurs sind mit Spezialkopfhörern geschützt. Ähnliche Vibrationen wie diejenigen, die von der Sirene erzeugt werden, bedrohen das Baugefüge der schnellen Düsenflugzeuge. Die Wissenschaftler suchen ständig nach neuen Werkstoffen, die so gefährlichen Beanspruchungen wie diesen widerstehen können.

Doppeldecker wie die Boeing 40-A konnte man 1927 immer noch sehen, obwohl die Eindecker bereits so grundlegende Bauprinzipien wie die selbsttragenden Flügel aufwiesen und schon zwölf Jahre vorher erprobt waren. Bis in die dreißiger Jahre bevorzugten konservative Ingenieure den Doppeldecker wegen seiner Robustheit, des Auftriebs und der irrigen Annahme, daß er einen besseren Wirkungsgrad habe. Die 40-A, die den über-

Ausführliche und lange Untersuchungen der Unfälle wurden eingeleitet. Es dauerte mehr als ein Jahr, bis das Ministerium die Ergebnisse bekanntgab: «Die Gründe für die Unfälle sind auf Versagen der Struktur der Druckkabine durch Materialermüdung zurückzuführen.» Die Wrackteile des zweiten Flugzeugs lagen tiefer als 900 Meter im Mittelmeer, deshalb konnten die Untersuchungen nicht allzu genau sein.

Ermüdung bedeutete in der Sprache der Statik das gleiche wie im normalen Sprachgebrauch. Wiederholte Anstrengung oder Beanspruchung kann das Material des Flugzeugs «erschöpfen». Wenn Metall ermüdet, verändert sich seine mikroskopische Struktur, und es entstehen kleine Risse, die sich – falls sie unbemerkt bleiben – vergrößern können und schließlich den Absturz eines Flugzeugs verursachen. In der Comet wurde diese Ermüdung durch wiederholten Druckwechsel in der Druckkabine herbeigeführt – ein Prinzip, nach dem Verkehrsflugzeuge, die in großen Höhen fliegen, den Kabinendruck erhöhen, um damit den Luftdruck der niedrigeren Höhen beizubehalten.

Dieser erhöhte Druck übt eine Kraft aus, die von innen gegen die Außenhaut des Flugzeugs drückt. Die Außenhaut dehnt sich aus und zieht sich wieder zusammen, wenn der Druck bei der Landung verringert wird. Das wiederholte «Belasten» und «Entlasten» der Außenhaut kann eine Metallermüdung zur Folge haben. Dieser Faktor wurde bei der Konstruktion der Comet nicht richtig eingeschätzt.

Der Kabinendruck ist nur eine der vielen Arten der Belastung, denen ein Flugzeug ausgesetzt ist. Hier nur einige: Auftrieb, Erdanziehung, Widerstand, Schub der Triebwerke, Luftturbulenz, heftige Manöver und außerdem der Landestoß. Man bedenke dabei auch, daß alle diese Beanspruchungen und Belastungen auf eine Maschine wirken, die vielleicht mehr als 150 Tonnen wiegt und 1000 Stundenkilometer schnell fliegt. Nur nach diesen

kontinentalen Flugverkehr in Amerika begann, trug zwei Passagiere und 540 Kilogramm Post. Daß man gerade bei Postmaschinen großen Wert auf Stabilität legte, ist verständlich, denn beim damaligen Stand der Navigation und des Funkverkehrs mußten Piloten auf den langen Postrouten oft ungewarnt Gewitter durchfliegen, auf mangelhaften Flugplätzen landen und unvorhergesehenerweise ihre Reise unterbrechen.

grundlegenden Betrachtungen sind die Aufgaben einzuschätzen, die sich für einen Flugzeugkonstrukteur ergeben.

Konstruktionen von heute und gestern

Wenn heute jemand an ein Flugzeug denkt, hat er ein ziemlich genormtes Bild vor Augen. Zunächst einmal wird es ein Eindecker sein, der aus Metall hergestellt ist, einige leichte Sportflugzeuge ausgenommen. Die Flügel sind selbsttragend und haben keine äußeren Verstrebungen oder Drähte, die die Festigkeit erhöhen.

Dieser mehr oder weniger genormte Typ eines Flugzeugs brauchte lange zu seiner Entwicklung, ungefähr dreißig Jahre. In der Zeit vor den Gebrüdern Wright und auch noch Jahre nach dem ersten Motorflug waren die meisten Gleiter und Motorflugzeuge Doppeldecker, bei denen die Flügelrahmen mit Tuch bedeckt waren und so eine Auftriebsfläche boten. Obwohl die zweite Tragfläche eine zusätzliche Auftriebsfläche darstellte, wurde der Doppeldecker hauptsächlich wegen der Baufestigkeit bevorzugt. Er gestattete eine geringere Spannweite, denn eine kürzere Tragfläche hat eine weitaus größere Stabilität als eine längere. Der ‹Flyer› der Gebrüder Wright hatte zum Beispiel eine Tragfläche von nahezu fünfzig Quadratmetern bei einer Spannweite von etwas mehr als zwölf Metern. Hätten die Gebrüder Wright versucht, einen Eindecker mit der gleichen Flügelfläche zu bauen, wäre eine Spannweite von über achtzehn Metern nötig geworden. Hierbei wäre ein Hauptproblem gewesen, die Festigkeit einer so großen Spannweite zu erhalten. Die senkrechten Streben und die diagonalen Drähte, die bei einem Doppeldecker die Flügel zusammenhielten, stellten jedoch eine einfache verstrebte Brücke dar und besaßen damit eine große Festigkeit.

Aber für diesen stabilen Bau zahlte der Doppeldecker einen Preis an

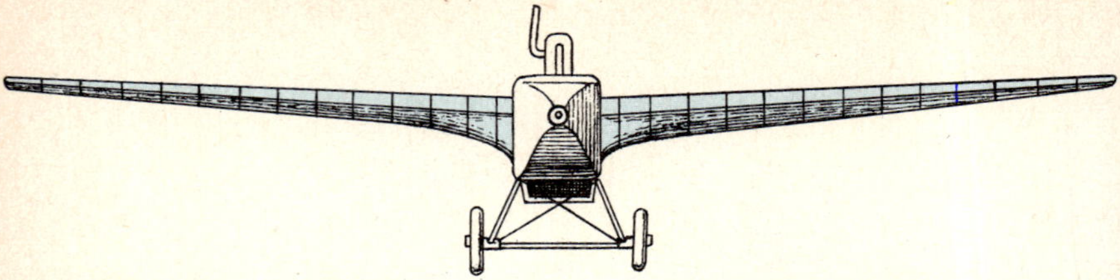

Der Zeit voraus waren zwei Konstruktionsmerkmale. Metallhaut und selbsttragende Flügel wurden bei einem Junkers-Eindecker von 1915 verwandt. Obwohl die deutschen Behörden der Konstruktion gegenüber skeptisch waren, weil man durch das hohe Gewicht eine Be-

aerodynamischen Nachteilen. Die zweite Tragfläche, die Streben und Drähte boten einen zusätzlichen Widerstand. Zu dieser Zeit waren die Geschwindigkeiten jedoch im allgemeinen so niedrig, daß der Nachteil des Widerstandes ein annehmbarer Preis für die größere Festigkeit war.

Mehr als dreißig Jahre nach dem ersten Motorflug hielt sich die vorherrschende Form des Flugzeugs: der stoffbespannte, verstrebte Doppeldecker mit einem inneren (vogelähnlichen) Skelett. Während dieser Zeit wurden große Fortschritte in der Konstruktion gemacht, aber wie die meisten Neuerungen lösten sie nur langsam das erprobte akzeptierte und traditionelle Konzept ab.

Zuerst wurde der Eindecker entwickelt. Lange bevor die Aerodynamik als Wissenschaft anerkannt war, hatten die Piloten, die zur Kinderzeit des Flugwesens auch Erfinder waren, die Probleme erkannt, die ein Doppeldecker mit sich bringt. Die Form des Doppeldeckers war sehr stabil, aber außer dem Widerstand, den sie erzeugte, hatte sie eine «glättende» Wirkung. Der Luftstrom zwischen den Flügeln verminderte die Auftriebskraft, die Folge war eine wesentliche Verringerung des Wirkungsgrades.

Der überall anerkannte Apostel des Eindeckers war einer der Großen in der Flugzeugtechnik, der Franzose Louis Blériot (1872–1936).

Er versuchte mehrmals, einen flugtüchtigen Eindecker zu bauen, und hatte endlich, gegen Ende des Jahres 1907, Erfolg, als er seine ‹Nummer VII› herausbrachte, die viermal erfolgreich flog, dann aber abstürzte. Blériot, der unverletzt blieb, verwarf diese besondere Konstruktion. Mit geringerem Erfolg baute und testete er zwei weitere Eindecker. Dann, im Jahre 1908, stellte er ‹Nummer XI› fertig. Mit ‹Nummer XI› machte Blériot einen Flug, der die zivilisierte Welt elektrisierte. Die englische Zeitung *Daily Mail* hatte 25 000 Francs für den ausgesetzt, der als erster den Ärmelkanal überflöge. Obwohl Blériot nur als Außenseiter galt, sollte ihm der große Wurf gelingen. Am 25. Juli 1909 startete er von Les Baraques, in der Nähe von Calais, und flog 37,8 km weit über das bewegte Wasser des Ärmelkanals zur englischen Küste. Eine halbe Stunde nach dem Start landete er in der Nähe von Dover.

Höher hinauswollen …

Junkers J 1

einträchtigung der Flugeigenschaften befürchtete, erwiesen sich schließlich die weitreichenden Neuerungen von Hugo Junkers (1859–1935) als richtungweisend für die weitere Entwicklung der Flugtechnik, obwohl sie sich erst allmählich durchsetzten.

Eine verworfene Träumerei

Diese Kanalüberquerung war nicht der längste Flug dieser Zeit, aber noch nie hatte vorher ein Flieger einen Flug über das Meer gewagt. Die Bewältigung des Kanals brachte Blériot Beifall, Anerkennung und mehr als 100 Bestellungen für seinen Eindecker. Blériots Erfolge und seine Prophezeiung, die den Eindecker als Flugzeug der Zukunft bezeichnete, beeinflußten jedoch die Flugzeugkonstruktion nicht merklich.

Ein Jahr nach Blériots Kanalflug, im Jahre 1910, patentierte ein deutscher Ingenieur namens Hugo Junkers (1859–1935) ein «Nurflügelflugzeug» – ein Flugzeug ohne Rumpf. Obwohl das Flugzeug nie einsatzfähig wurde, stellte seine Konstruktion die erste freitragende Tragfläche dar. Sie wurde von innen mit einem «Hauptholm» fest verstrebt – ein leichter Tragebalken, der in der Mitte entlanglief – und benötigte deshalb keine äußere Verstrebung.

Alle modernen Flugzeuge sind eigentlich der Beweis dafür, daß sich Junkers' freitragende Flügelkonstruktion überall durchgesetzt hat. Im Jahre 1919, fast zehn Jahre nachdem Junkers seine Konstruktion zum erstenmal vorgeführt hatte, bot ein anderer deutscher Konstrukteur, Adolf Rohrbach

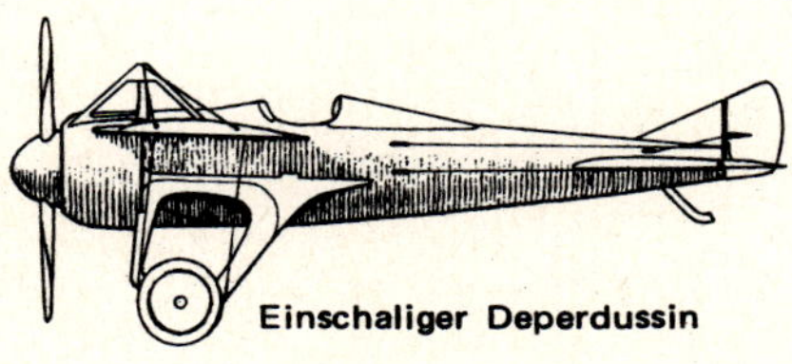

Einschaliger Deperdussin

Der einschalige Rumpf war mit seiner Außenhaut oder Schale besser als ein Rahmen geeignet, die Belastungen des Fluges zu tragen. Diese Bauweise wurde bei den französischen Deperdussins ausprobiert, wie das hier abgebildete Modell von 1913 zeigt. Im Laufe der Zeit hat sie sich durchgesetzt und wurde später überall als klassisches Konstruktionsprinzip anerkannt.

Die Deperdussin war ein französisches Flugzeug, das von Maurice Prévost geflogen wurde und 1913 einen Rekord mit 204 Stundenkilometern aufstellte, dank eines hochentwickelten Triebwerks und der Stromlinienbauweise. Bis 1930 waren Flugzeuge mit ähnlichen Verfeinerungen noch kaum verbreitet, man vertraute noch lange dem traditionellen Doppeldecker, obwohl sein hoher Luftwiderstand enge Geschwindigkeitsgrenzen setzte.

(1889–1939), eine weitere Verbesserung an: die Hohlholme. Statt eines massiven, balkenähnlichen Hauptholms nahm Rohrbach vier zusammengeschweißte Metallbleche, die einem langgestreckten Schuhkarton ähnelten und sehr leicht und äußerst fest waren.

Ein weiterer Beitrag war im Jahre 1928 eine Verbesserung, die heute jedoch nicht mehr angewandt wird: die «Hohlprofilkonstruktion». Es war eigentlich nur eine Variation der Rohrbachschen Erfindung, indem eine Seite des Schuhkartons offenblieb. Man setzte einige von diesen einzelnen Elementen zusammen, die dann an den Flügeln entlangliefen.

Schalenbauweise und Metall

Die meisten der ersten Rumpfkonstruktionen waren einfache, drachenähnliche Rahmen, die nur die verschiedenen Bauelemente des Flugzeugs zusammenhalten sollten. Als im Jahre 1912 die Motorleistungen größer wurden und damit auch die Geschwindigkeiten, Höhen und die Manövrierfähigkeit größere Anforderungen stellten, wurde der Rumpf stärker belastet. In diesem Jahr erschien eine bedeutende Neuerung: die sogenannte «selbsttragende Einschalenbauweise». Die selbsttragende Einschalenbau-

Das erste Flugzeug, das speziell nur als Verkehrsflugzeug gebaut wurde, war die von Deutschen entwickelte Junkers F 13. Der Rumpf bestand aus leichtem, starkem Wellblech, ihre Flügel waren selbsttragend, um äußere Verspannungen überflüssig zu machen. Die F 13 wurde 1918 eingeführt und brachte die Ausrüstung für Ölbohrungen in die dichten südamerikanischen Dschungel.

weise wird nicht von innen versteift; die Schale selbst trägt alle Belastungen und hat eine hohe Festigkeit, da sie der Grundform eines Hohlzylinders entspricht. In den späteren Jahren wurde sie durch die versteifte Schalenbauweise abgelöst, die Stringer längs des Rumpfes hatte.

Der erste Entwurf der Schalenbauweise kam aus Frankreich. Der Rumpf wurde in zwei halben Hohlformen hergestellt und dann zusammengepaßt. Außer der größeren Stabilität brachte die runde, stromlinienförmige Form einen aerodynamischen Gewinn durch geringeren Widerstand. Am 9. September 1912 stellte eine solche französische Maschine in Chicago einen neuen Geschwindigkeitsweltrekord von 174 km/h auf. 1915 führte Hugo Junkers eine weitere Neuerung ein: die Metallbauweise. Die deutsche Regierung, die das Flugzeug aus Eisen und Stahl in Auftrag gegeben hatte, entschied jedoch, es sei zu schwer, um tatsächlich fliegen zu können, und so ging das Flugzeug nie in Produktion. 1917 baute Junkers einen Zweisitzer-Eindecker und benutzte diesmal als Hauptwerkstoff eine Aluminiumlegierung, das leichte Duralumin. Diese Maschine wurde daraufhin im Ersten Weltkrieg als Kampfflugzeug in Serienproduktion gebaut und auch eingesetzt.

So waren schon 1915 die Grundelemente der modernen Flugzeugkon-

struktion angewandt und getestet worden: der Typ des Eindeckers, der Gebrauch von Metall, der selbsttragende Flügel und die Außenhautversteifung – aber es dauerte noch zwanzig Jahre, bis diese Prinzipien die Norm darstellten. Während der zwanziger bis in die Mitte der dreißiger Jahre wurde der stoffbespannte Holzrahmen-Doppeldecker bevorzugt. Es gab auch schon Eindecker, Metallflugzeuge, selbsttragende Flügel und Schalenbauweise, jedoch nur wenige Flugzeuge, in denen alle vier Prinzipien vereint waren. Lindberghs ‹Spirit of St. Louis› zum Beispiel war ein Eindecker mit einem Stahlrohrrahmenrumpf, doch der Flügelholm und die Rippen waren aus Holz und sowohl Flügel als auch Rumpf mit Stoff bespannt. Es ist nicht möglich, den Zeitpunkt genau zu bestimmten, an dem der Ganzmetall-Eindecker mit selbsttragenden Flügeln und Schalenbauweise vorherrschend wurde, doch gegen Ende der dreißiger Jahre war er eher die Regel als die Ausnahme.

Heute werden diese grundlegenden Konstruktionsmerkmale fast überall angewandt. Entwurf und Test des Flugzeugs befassen sich jetzt mehr mit anderen Gebieten, obwohl man ebenso mit heimtückischen Konstruktionsproblemen fertig werden muß, wie mit denjenigen, die den Absturz der beiden Comet-Flugzeuge verursachten, wie auch mit den Schwierigkeiten, die sich aus den hohen Geschwindigkeiten ergeben.

Sicherheit als oberstes Gebot

Die Konstruktion eines typischen modernen Düsenflugzeugs wie der Boeing 727 oder der Douglas DC-9 beginnt mit Berechnungen allgemeiner Daten. Das Flugzeug soll unter normalen Flugbedingungen eine bestimmte Ladung tragen bei gewünschten Geschwindigkeiten und Höhen. Aber der Baukonstrukteur muß alle denkbaren Flugbelastungen in Betracht ziehen. Im Geradeausflug ist ein Flugzeug einer Belastung ausgesetzt, die ein g, also die

Der russische Konstrukteur Oleg Antonow hat die AN-22, das lange Zeit größte Flugzeug der Welt, entworfen (heute übertrifft nur die Lockheed C-5 Galaxy die AN-22). Es wurde ursprünglich für den Transport von Baumaterial nach Sibirien gebaut, und es kann etwa 80 000 Kilogramm Nutzlast tragen, die durch eine Falltür geladen wird. Als Passagierflugzeug bietet es 720 Fluggästen Platz, 500 mehr als je zuvor. Vier Maschinen mit je 15 000 PS treiben das Flugzeug an.

einfache Schwerkraft oder Erdbeschleunigung, nicht übersteigt. Ein Manöver wie eine steil geflogene Kurve erhöht die Belastung merklich, vielleicht auf mehrere g. Das Konstruktionsteam geht folgendermaßen vor: es berechnet die Belastung bei den außerordentlichsten Manövern, die während der gesamten Flugzeit eines Flugzeugs zu erwarten sind. Die Größe ist als Grenzlast bekannt. Es mag jedoch vorkommen, daß ein Pilot unbeabsichtigt diese Grenzlast überschreitet. Deshalb muß der Konstrukteur einen ausreichend großen Sicherheitsfaktor kalkulieren und immer den sogenannten «Bruchfaktor» berücksichtigen, auf Grund dessen das Flugzeug die wirkenden Kräfte über der Grenzlast gut überstehen kann. Im allgemeinen liegt der Bruchfaktor bei dem Eineinhalb- bis Zweifachen der Grenzlast. Ein typisches Düsenverkehrsflugzeug, das bei normaler Handhabung kaum die Belastung von zwei g überschreitet, ist so gebaut, daß es mit wenigstens vier g belastet werden kann. Kurz gesagt, diese Verkehrsflugzeuge sind so ausgeklügelt – sowohl durch die Entwicklung auf den Konstruktionstischen als auch mit Hilfe der lebenswichtigen Berechnungen, die der Elektronenrechner liefert –, daß sie mehr als die zweifache Belastung aushalten, der sie in den gefährlichsten Situationen unterworfen sind.

Dies ist der grobe Umriß. Aber trotz des umfassenden Schutzes des Bruchfaktors sind noch Tausende von kleinen und individuellen Überlegungen anzustellen. Ein Flugzeug in der Luft ist eine stark beanspruchte Maschine: jederzeit können sich die Flügel verbiegen, der Rumpf kann sich verdrehen, krümmen, anschwellen oder schrumpfen; das Leitwerk kann vibrieren oder auf- und niederschwingen.

Diese dauernde Beanspruchung kann sehr groß sein und wird in Dezimetern an den Flügelspitzen gemessen. Die Flügelspitzen einer Boeing 707 können sogar bei einem normalen Flug einen Bogen von einem Meter beschreiben. Im Gegensatz dazu kann eine Verformung fast unsichtbar bleiben; so schwillt der Rumpf einer DC-9 nur um 1,6 mm an.

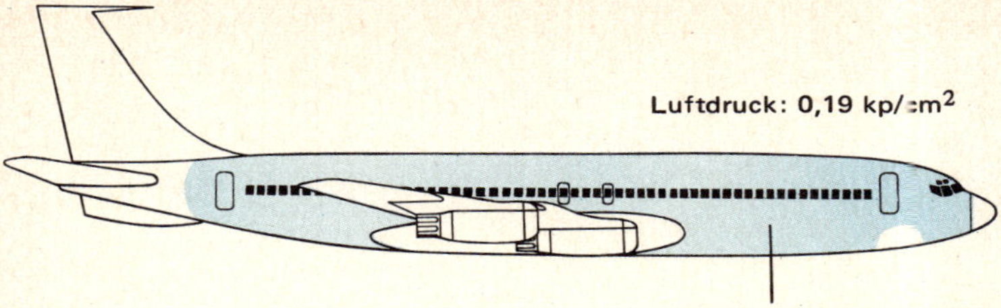

Der Druckausgleich im Rumpf ist wichtig bei Flügen in großer Höhe, um einen annähernd normalen Luftdruck innerhalb der Kabine zu halten. Bei 12 000 Metern entspricht der Druck (blau) einer Höhe von 2100 Metern. Der wiederholte Druckwechsel setzt die Außenhaut des Flugzeugs einer Belastung aus, die zu Materialermüdungen führen kann und schließlich zu Rissen.

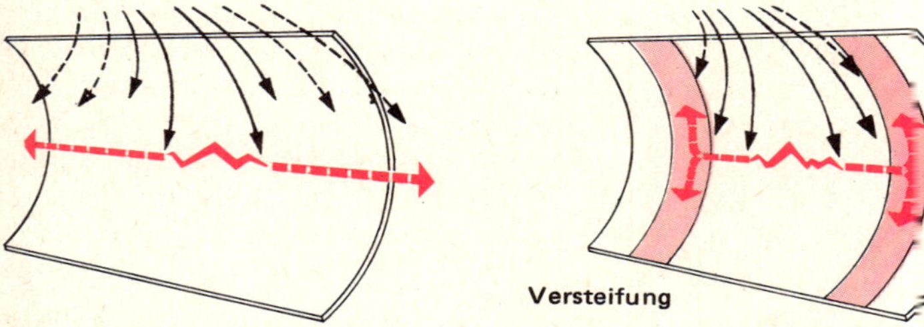

Die Blechfeldbegrenzung wird mit Versteifungen vorgenommen und wurde erfunden, um Risse, die während des Flugs in der Außenhaut des Flugzeugs entstehen können, in Schach zu halten. So ein Riß reißt normalerweise an beiden Enden weiter aus (gestrichelte Linie links). Aber bei der Benutzung der Versteifungen (rechts) wird der Riß abgelenkt und ist somit harmlos.

Es zeigt sich also, daß einige Teile des Baus nur «leicht» belastet werden. Die Kräfte, denen sie während des Flugs ausgesetzt sind, sind nur gering und wirken nicht dauernd. Hier hat der Konstrukteur einigen Spielraum in der Auswahl des Materials. Andere Teile aber, wie z. B. die Tragflächen, müssen die höchstmögliche Lebensdauer haben mit einem konstanten Verhältnis der Festigkeit zum Gewicht. Außerdem wenden die Konstrukteure die Erkenntnisse ihrer langen Praxis an, um den Faktor Materialermüdung möglichst niedrig zu halten.

Diese Erfahrungen, zusammen mit der Hilfe von Elektronenrechnern, die Mengen von metallurgischen Daten verarbeiten, mit den Arbeitsergebnissen der Aerodynamiker, Triebwerksingenieure und einem Heer anderer wissenschaftlicher Fachrichtungen, gewährleisten die Konstruktion eines verläßlichen und flugfähigen Flugzeugs. Das alles genügt zwar, ein Flugzeug zu bauen, aber die Ergebnisse eines Elektronenrechners sind kein Ersatz für wirkliche Versuche. Bei dem Bau eines Flugzeugs wie der Boeing 727 oder der DC-9 sind die Vielzahl und die Vielfältigkeit der Versuche, denen das entstehende Flugzeug unterworfen wird, in allen Einzelheiten erschöpfend durchdacht.

Verschiedene Testmethoden

Wie die Comet-Abstürze auf tragische Weise illustrieren, verursacht die Druckerhöhung und die Druckerniedrigung in der Kabine eine Ermüdung des Rumpfes. Die Methode, mit der einige Flugzeuge auf eine mögliche Druckermüdung getestet werden, beruht auf den Erfahrungen, die bei den Abstürzen der Comet-Flugzeuge gemacht wurden. Bei den Bemühungen, die tatsächliche Beanspruchung der Comet vor ihrem Absturz zu rekonstruieren, wurde eine andere Comet aus dem Dienst gezogen und der Rumpf in ein speziell dafür konstruiertes Wasserbassin getaucht. Wie beim Flug wurde der Rumpf luftdicht verschlossen, dann voll Wasser gepumpt und dem gleichen Druck ausgesetzt, dem ein Flugzeug in der Luft standhalten muß. Eine Minute darauf wurde der Druck wieder verringert. Auf diese Weise konnte der Kreislauf der Druckveränderung während des Flugs im Wechsel von zwei Minuten nachgeahmt werden. Dadurch setzte man den Versuchsrumpf im Laufe von drei Monaten den gleichen Belastungen aus, die er während einer 50jährigen Flugzeit hätte überstehen müssen. Mit dieser Methode, dem Unterwasserermüdungs-Versuch, bestimmte man die Ursache der Comet-Abstürze, und seitdem wurden neu entwickelte Flugzeugtypen vor Gebrauch auf diese Art geprüft.

Ähnliche Tests erfand man für die Fenster im Rumpf. Belastungsmeßgeräte, die die kleinste Verformung elektronisch messen, werden an die Fensterrahmen montiert, während die Kabine weit über die Normalbelastung hinaus unter Druck gesetzt wird. Die Boeing Company hat im Verlauf der Versuchsreihen der 707 und des neueren Kurzstreckenflugzeugs 727 Druckluftkanonen auf die Fenster der Passagiere gerichtet und Eisbälle von drei Zentimetern Durchmesser abgefeuert, um einen heftigen Hagelsturm zu imitieren. Die Fenster der Führerkanzel wurden entsprechend härteren Versuchen ausgesetzt, da sie in Flugrichtung liegen und deshalb einen weitaus stärkeren Aufprall aushalten müssen. Wieder wurde eine Kanone auf das Fenster gerichtet, und ein totes Hühnchen, ungefähr vier Pfund schwer, wurde mit einer Geschwindigkeit von 610 bis 740 km/h auf das Glas geschossen. Diese gewissenhaften Versuche zahlten sich aus. Im Frühling 1960 prallte ein ausgewachsener Adler auf das Fenster der Führerkanzel einer 707, die 650 km/h flog. Das Glas sprang, wurde aber nicht zertrümmert.

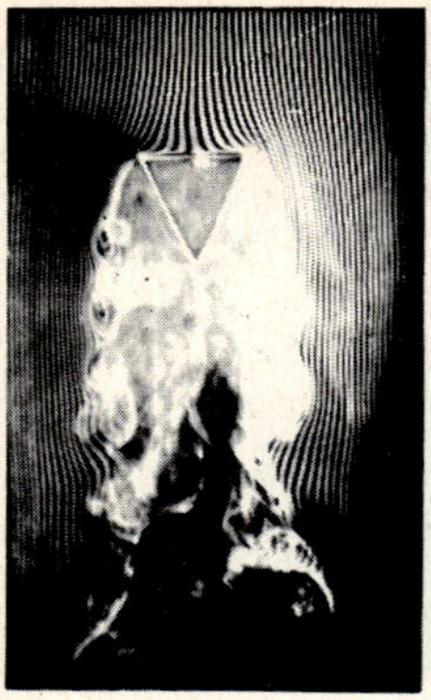

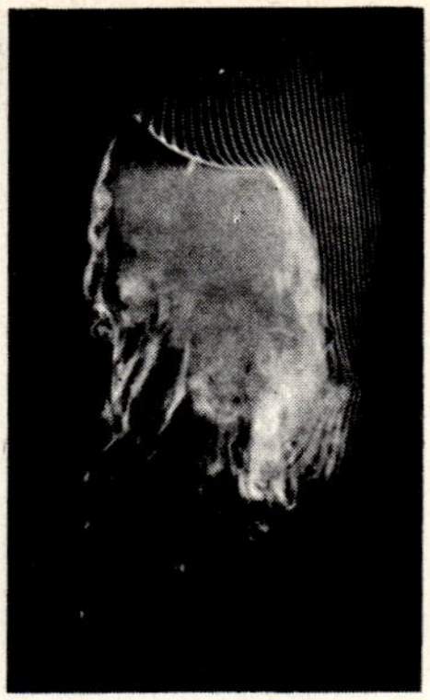

Das Sichtbarmachen des Luftstromes war der nächste Schritt, nachdem man gelernt hatte, wie die auf Objekte wirkenden, aerodynamischen Kräfte in einem Windkanal zu messen sind. 1899 konstruierte der französische Physiologe Étienne Jules Marey (1830–1904) einen senkrechten Windkanal, der mit Rohren ausgerüstet war, die Rauchfäden in den Luftstrom fließen ließen. Er konnte dann das Verhalten des Luftstroms an Modellen, die in den Wind gestellt wurden, beobachten und fotografieren

Folterung einer Tragfläche

Bei den Versuchen wird den Tragflächen natürlich besondere Aufmerksamkeit geschenkt. Man unterwirft sie fast jeder möglichen Prüfung. Kleine Teile des Flügels werden absichtlich mit einer Säge angeschnitten, und dann künstlich «gealtert», indem sie wechselndem Druck ausgesetzt werden, so wie es die Bedingungen des Fluges mit sich brächten. Ganze Tragflächen werden in das Laboratorium gebracht und immer wieder auf- und niedergebogen. Als die Boeing 707 diesen Versuchen unterworfen wurde, bog man einen Versuchsflügel 2,70 m nach oben, ohne daß er brach, und eine Last von 192 000 Kilopond mußte aufgeboten werden, um die Tragfläche wirklich zu verbeulen. Die Versuchs-Technik hat in der Flugzeugindustrie den Punkt erreicht, wo man wenigstens theoretisch die Garantie geben kann, daß ein fließbandgefertigtes Flugzeug starten kann und während seiner Betriebsdauer ohne bedeutende Mängel fliegen wird. Hierbei müßte jedoch die utopische Voraussetzung gegeben sein, daß nur fehlerloses Material bei dem Bau eines Flugzeugs verwandt wird und daß mit einer fehlerfreien Unterhaltung und Wartung zu rechnen ist.

Die Versuchsreihen sind aber selbst dann noch nicht abgeschlossen, wenn ein Düsenflugzeug an die Fluggesellschaft geliefert ist. Obwohl auf Grund langjähriger Versuche davon ausgegangen werden kann, daß eine große «Zellen-Untersuchung» erst nach 6000 Flugstunden erforderlich ist, unterziehen Wartungsmannschaften der Fluggesellschaft die Maschinen schon vorher immer wieder genauesten Prüfungen. Nach 6000 Flugstunden nimmt man dann die Flugzeuge vorübergehend aus dem Verkehr und bringt sie zur umfassenden Überholung in die Untersuchungsstation.

Das Flugzeug wird erst optisch und dann mit Röntgenstrahlen untersucht, die denen ganz ähnlich sind, die von Ärzten benutzt werden. Ein anderer Test läuft folgendermaßen: Ultraschallerzeuger schicken Schallwellen mit hoher Frequenz aus, die durch das zu untersuchende Teil laufen. Danach wird das Wellenbild von einem Oszilloskop sichtbar gemacht, ähnlich dem Testbild auf einem Fernsehschirm. Ein Materialfehler zeigt sich dann auf dem Bild.

Eine andere Inspektionstechnik ist die Farbstoffprüfung. Das Metall wird zuerst mit einer durchdringenden roten Farbflüssigkeit behandelt und dann mit einer weißen Flüssigkeit überdeckt, die zu Puder austrocknet. Wenn nun Risse unter der Oberfläche liegen, dringt der rote Farbstoff in der Länge des Risses durch den Puder. Ein kleinerer Riß wird repariert. Falls er größer ist, wird das ganze Bauelement ausgewechselt – z. B. die Flügelbeplankung.

Das gesamte Prüfungsergebnis – elektronengerechnete Entwürfe, darauffolgende statische Versuche, Flugtests und aufmerksame Überwachung – bedeutet, daß dort oben in der Luft beachtenswert verläßliche Maschinen fliegen, die manchmal sogar die Leistungsgrenzen überschreiten, für die sie gebaut sind. Ein dramatisches Beispiel dafür ereignete sich im Februar 1959. Es handelte sich um eine Boeing 707, wenige Monate nachdem das Modell in den Handelsverkehr eingeführt worden war. Die Maschine mit der Flugnummer 115 der Pan American Airways, von Paris nach New York unterwegs, näherte sich Gander auf Neufundland. Die 707 wurde von dem Autopilot in einer Höhe von 10 700 Metern automatisch gesteuert. Plötzlich ging das Flugzeug in eine steile Sturzflugkurve nach rechts. Der Kopilot wußte nicht, daß der Autopilot ausgesetzt hatte und das Flugzeug überhaupt nicht gesteuert wurde. Dem Piloten gelang es jedoch, die Gashebel zu erreichen und sie in den Leerlauf nach hinten zu ziehen. Das Flugzeug näherte sich schon der Schallgeschwindigkeit. Es befand sich jetzt in einer Höhe von 1800 Meter und hatte schon 8900 Meter an Höhe verloren. Sekunden vor dem Aufprall zog der Pilot das Steuer zurück und fing das Flugzeug ab.

Spätere Untersuchungen ergaben, daß das Flugzeug, das für eine Bruchlastgrenze von 3,75 g konstruiert worden war, eine Belastung ohne Schaden überstanden hatte, die auf 5 g geschätzt wurde.

263
J 60
059
080
OFFUTT
OFF 112.1(L)
Chan 54(L)
129
Ottumwa Muni
845 52
189
146
69
J 64
105
250
071
J 41
125
LAMONI
LMN 116.7
058
PAWNEE CITY
PWE 112.4
Chan 71
235
Rosecrans Mem
826 80
J 25
194
55
J 18-26-87
88
KIRKSVILLE
IRK 114.6
Chan 93
KANSAS CITY
MKC 112.6
Chan 73
359
327
Mid-Continent Intl
1011 90
Sherman AAF
770 59
106
J 80
053
18
158
071
253
088
Fairfax Muni
746 73
J 24
194
228
J 25-87
70
RICHARDS-GEBAUR
GVW 111.0 (L)
Chan 47(L)
Kansas City Muni
758 70
144
Richards-Gebaur AFB
1090 90
Whiteman AFB
869 124
NAS Olathe
1086 85
Jefferson City-Mem
547
J 110
192
VICHY
VIH 117.
Chan 12
R-4502
OLATHE
APPROACH CONTROL
001°
260
070
091°
WHITEMAN
SZL 109.0(L)
Chan 27(L)
J 112
204
J 41
130
BUTLER
BUM 115.9
199
J 8
SPRINGFIELD (MO)
SGF 116.9
Chan 116
326
029
048
J 98
149
075
J 25-87
139
Joplin Muni
980 55
Springfield Muni
1267 56
233
203
122
MEA-24,000

6

«Blinde» Piloten

Jeden Tag starten Tausende von Verkehrsflugzeugen. Jedes steuert nach einem genauen Fahrplan ein bestimmtes Ziel an. Sie fliegen mit Geschwindigkeiten von 300 bis 1000 km/h. Viele von ihnen fliegen nachts oder über den Wolken und haben vom Start bis zur Landung nie Bodensicht. Wenn man von Unwettern oder mechanischem Versagen absieht, kommt doch jedes Flugzeug fahrplanmäßig an. In jedem Cockpit vertraut sich die Besatzung einer Reihe von aufmerksamen und genauen Instrumenten an, die tatsächlich die Unsicherheitsfaktoren ausgeschaltet haben, die einst der Schrecken der Langstreckenflüge waren. Heute fliegt der Pilot im perfekten Nonstopflug von Küste zu Küste und kann jederzeit seine Position sofort genau feststellen, ohne dabei aus dem Fenster schauen zu müssen.

Flugzeuge reisen heute auf eindeutig festgelegten, mit Nummern bezeichneten Luftstraßen, auf denen Flugrichtung und Geschwindigkeit vorgeschrieben sind und genauer Kontrolle unterliegen. Die Luftstraßen werden – für den Passagier unsichtbar – durch ineinandergreifende Funksignale gekennzeichnet, die von den Bodenstationen aus entlang der Route andauernd in den Himmel gesendet werden. Die Empfänger in den Flugzeugen nehmen diese Signale auf und zeigen sofort die Richtung und die Entfernung zur Station an. Durch Verwendung einer Funk-Navigationskarte kann der Pilot seine genaue Position einfacher und sicherer feststellen als ein Autofahrer, der ein Hinweisschild liest. Dies ist jedoch nur das primäre Navigationssystem. Es wird durch die anderen Cockpitgeräte ergänzt: Kreiselkompaß, Höhen- und Fahrtmesser, acht Navigations-Funkempfänger, Lämpchen, die automatisch aufleuchten, wenn das Flugzeug über ein Funkfeuer fliegt, und eine eingebaute Radaranlage für die Ortung von Schlechtwettergebieten.

Dieses Labyrinth von Strichen und Zahlen zeigt den Piloten den normalen Flugverkehr aller Flugzeuge in 5500 Meter Höhe oder mehr im Gebiet um Kansas City. So sieht eine Luftkarte aus. Diese hier wurde von der amerikanischen Luftwaffe herausgegeben. Die Kreise bezeichnen die Rundfeuer, die dauernd Funksignale senden, um den Piloten Angaben über Richtung und Entfernung zu liefern. Das Flugsicherungsnetz wird immer verworrener. Ohne die Hilfe von Computern bräche es bald zusammen, denn die Datenmassen sind von Menschen nicht mehr zu bewältigen.

Leitschienen

Obwohl die Navigation heute selbstverständlich ist, bildete sie das Hauptproblem in den ersten Tagen des Motorflugs. Noch lange nach Kitty Hawk war es eher dem Glück zu verdanken als der Wissenschaft, wenn man von einem Punkt zum anderen kam. Am 30. Oktober 1908 flog Henri Farman (1874–1958) den ersten Überlandflug, eine Strecke von 26,5 km von Bouy nach Reims in Frankreich. Genau neun Monate später unternahm Louis Blériot seinen bemerkenswerten Flug über den Ärmelkanal. Weder Farmans noch Blériots Flugzeug war mit irgendeiner Navigationshilfe ausgerüstet. Die Piloten verließen sich auf ihre Augen, einen Wecker oder eine Armbanduhr und auf eine gewöhnliche Landkarte. Der Pilot zog auf der Landkarte einen Strich bis zu seinem Ziel und notierte sich einige Kennzeichen — Städte, Flußschleifen, Eisenbahnschienen, die er überfliegen würde. Während des Flugs hielt er meist nach den Orientierungspunkten Ausschau und verbesserte wenn nötig seinen Kurs. Indem er sich die verstrichene Zeit zwischen zwei Kennzeichen merkte, konnte er mit Hilfe einfacher Arithmetik seine Geschwindigkeit berechnen und die Zeit schätzen, in der er den nächsten Kontrollpunkt sehen würde.

Die Eisenbahnschienen waren der «eiserne Kompaß» der ersten Flieger, denen sie von Stadt zu Stadt folgten. Aber diese Art der Navigation war nur genau, wenn der Flieger aufmerksam war. Beim ersten Überfliegen Nordamerikas im Jahre 1911 notierte sich der Pilot eine Route von Sheepshead Bay (New York) nach Long Beach in Kalifornien in einer Serie von kurzen Sprüngen. Immer, wenn es möglich war, folgte er Eisenbahnschienen. Er benutzte diesen eisernen Kompaß, um die erste Etappe von Sheepshead Bay nach Middletown in New York zu fliegen. Seine zweite geplante Zwischenlandung war Elmira (New York), doch er verpaßte eine Weiche. Als er eine ziemlich große Stadt sah, nahm er an, Elmira erreicht zu haben. Er landete und bereitete sich auf die Gratulation der Stadtväter vor, entdeckte aber dann, daß er in Scranton (Pennsylvania) war.

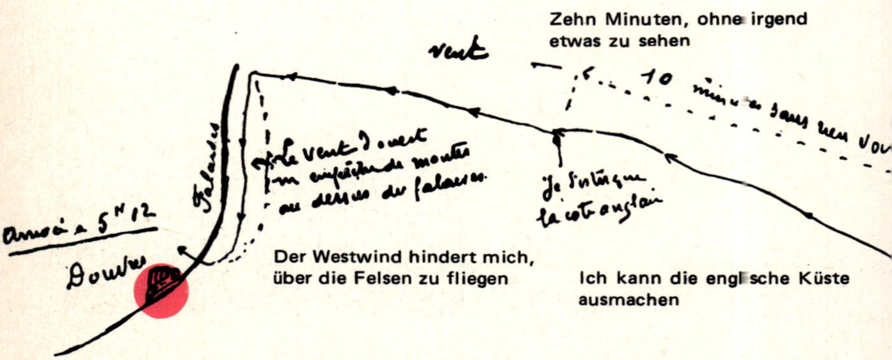

Der Überlandflug wurde von Henri Farman (1874–1958) am 30. Oktober 1908 eingeführt, als er mit einem Voisin-Farman-Doppeldecker flog, dem ersten, der mit brauchbaren Querrudern ausgerüstet war. Er legte 26,5 Kilometer von Bouy nach Reims zurück. Dieses berühmte Foto von dem Start in Bouy zeigt ein Bild, zu dem Farman zusammenfassend sagte: «Es ist ein freudiges Erlebnis, hoch über den Köpfen der Menschen zu segeln.»

Einen glänzenden Flug konnte Louis Blériot (1872–1936) am 25. Juli 1909 mit seinem Starrflügler verzeichnen, als er den zerbrechlichen Eindecker über den Ärmelkanal flog (rechts). Eine Karte mit seiner Handschrift (unten) zeigt die Route vom Start in der Nähe von Calais bis zur Landung in der Nähe von Dover. Ohne Kompaß navigierte er nach dem, was er unten sah. Die Bemerkungen geben an, wo er ein Schiff ausmachte, wo er zehn Minuten lang keine Sicht hatte und wo er sich befand, als er England sah.

Während der Vorbereitungen für einen Nachtflug herrscht lebhafte Tätigkeit im Cockpit einer vierstrahligen Düsenverkehrsmaschine vom Typ Boeing 707. Erster Offizier (auch Kopilot genannt), Flugkapitän und Flugingenieur überprüfen sorgfältig alle Bordsysteme. Zu Beginn der Luftfahrt war Navigation eines der brennendsten Probleme: Es fehlten Funkfeuer, Radarsysteme, störungssichere Kompasse, Blindflughilfen, Flugplatzbefeuerungen usw., man flog nach Karte, Sicht und Gefühl. Auch wenn heute viele dieser Probleme ausgeräumt sind, so erfordert doch jeder Flug die volle Aufmerksamkeit aller Beteiligten, denn im Zeitalter des Massenverkehrs haben neue Schwierigkeiten neue Anforderungen gebracht.

Die Geburt des Blindflugs

Ungefähr zur gleichen Zeit wurden die ersten mechanischen Flugzeuginstrumente eingeführt. Die Entwicklung ist zwar nicht ganz klar, doch weiß man, daß der Franzose A. Etévé schon 1910 einen Fahrtmesser erfand und daß im folgenden Jahr ein Kapitän der englischen Marine den ersten funktionsfähigen Kompaß entwarf. Diese beiden Instrumente ermöglichten zusammen mit einer ganz gewöhnlichen Uhr eine elementare Form der Navigation bei einem Blindflug. Der Pilot stellte seine Position fest, indem er den Kurs, die Geschwindigkeit und Flugzeit zueinander in Beziehung brachte und nicht mehr den Boden beobachtete. Aber ob die eingetragene Position stimmte, war reine Glückssache, da die Instrumente so unzuverlässig waren.

Der Magnet-Kompaß zitterte unberechenbar bei allen Vibrationen und Bewegungen. Der Fahrtmesser, ein Instrument, das den Staudruck der Luft in km/h übertrug, berücksichtigte nicht die durch Höhe und Wetter veränderliche Dichte der Luft. Der Pilot konnte sich nur auf seine Augen und seinen Instinkt verlassen, um Windgeschwindigkeit und -richtung zu bestimmen. Dieses Handikap wurde erst 1914 überwunden, als Elmer Ambrose Sperry (1860–1930) einen Abdriftmesser erfand. Dieses Instrument bestand aus einem runden Glas, das in den Boden des Cockpits eingebaut

war und durch das sich der Pilot ein auffälliges Objekt auf der Erdoberfläche aussuchen konnte. Durch Drehung des Glases visierte er mit Hilfe einer Reihe von Parallellinien den Weg dieses Objekts an und konnte dann die Größe der Abdrift – zumindest während des Tages – von einem Skalenring auf der Fassung des Glases ablesen.

Bis 1919 war die Navigation während der Nacht sehr stark vom Zufall abhängig, erst dann wurde eine Version des Sextanten der Seeleute für die Flieger erfunden. Mit einem Sextanten und einem Chronometer ausgerüstet, konnte der Pilot bei Nachtflug die genaue Zeit der Beobachtung notieren und mit der Technik der Himmelsnavigation einen Stern anvisieren oder «schießen». Er maß den Winkel zwischen Stern und Horizont. Mit Hilfe einer Tabelle, in der die Position des Sterns zum Beobachtungszeitpunkt angegeben war, konnte er einen Kreisbogen in seine Karte zeichnen. Dann peilte er einen zweiten Stern an und zog einen neuen Bogen. Der Schnittpunkt der beiden Kreisbögen markierte seine genaue Position. Der Abdriftmesser und der Sextant waren jedoch an die Sichtbedingungen gebunden, und der Sextant beanspruchte mehr Aufmerksamkeit, als ein durchschnittlicher Pilot aufbringen konnte. Bis in die dreißiger Jahre bestand die Navigation hauptsächlich aus ungefähren Berechnungen, gestützt auf Sichtkontrolle und die Informationen über die jeweiligen Windverhältnisse in Bodennähe. Der erste Postflug zwischen Washington und Philadelphia 1918 wurde zu einer Blamage für die Navigation. Präsident Thomas Woodrow Wilson (1856–1924, Präsident 1913–1921), der Postminister Albert Sidney Burleson (1863–1937) und noch andere Mitglieder des Kabinetts versammelten sich in der Nähe des Washington Monuments, um Zeugen des Starts an einem herrlich klaren Tag zu sein. Doch der Pilot landete irgendwo in der Nähe von Waldorf (Maryland), mehr als 30 km südöstlich von Washington und gute 160 km Luftlinie von Philadelphia entfernt. Die Post wurde ganz unzeremoniell zurückgeholt und mit dem Zug versandt.

Dennoch trieb man überall die Entwicklung des Luftpostdienstes weiter, und bald versuchte man auch Nachtflüge. Man zündete an vereinbarten Punkten Feuer an, nach denen sich der Pilot richten konnte. Bei späteren Flügen diente als Beleuchtung für die Landebahn manchmal der einfache, aber wirksame Behelf, vorbeifahrende Autos mit der Fahne anzuhalten: Mit eingeschalteten Scheinwerfern wurden die Autos entlang der Landebahn aufgestellt, um dem Piloten ein Landeziel zu bieten. In der Mitte der zwanziger Jahre wurden vielfach elektrische Landebahn- und Flughafenbegrenzungslichter auf den Hauptflughäfen installiert, Leuchttürme ersetzen die offenen Feuer.

Aber ohne eine richtige Navigationsausrüstung war der Postdienst damals unzuverlässig. Die Wetterinformationen waren unsicher, und die Flugzeuge hatten nicht die nötigen Instrumente, um über dem Wetter fliegen zu können. Oft startete ein Pilot bei klarem Wetter und flog auf seiner Route in einen Sturm hinein. Die Karriere vieler Postflieger endete damals mit einem Absturz. Welche Leistungen diese Flieger vollbringen mußten, schildert Antoine de Saint-Exupéry (1900–1944) in seinen Werken, von denen vor allem der Roman *‹Wind, Sand und Sterne›* bekannt wurde.

15 Stunden ohne Kontrollpunkt

Einer der überlebenden Postpiloten war Charles Augustus Lindbergh (*1902), der seine schwer errungene Erfahrung ausnutzte, um einen der bemerkenswertesten Triumphe der Navigation aller Zeiten zu feiern und 1927 einen großartigen Flug von New York nach Paris machte. Lindbergh hätte eine Sprechfunkanlage mitnehmen können, die zu der Zeit schon erfolgreich von den Piloten benutzt wurde, wenn sie ihre Position oder Wetterinformationen brauchten. Lindbergh nahm jedoch weder ein Sprechfunkgerät noch einen Sextanten mit sich. Sie seien zu schwer, argumentierte er, und Funkanlagen «setzen aus, wenn man sie am nötigsten braucht». So tastete sich Lindbergh im Blindflug über den Ozean und stellte immer, wenn es möglich war, ungefähre Berechnungen an.

In der 27. Flugstunde machte er sich über seine Position Sorgen. Seit seiner letzten Sichtkontrolle auf Neufundland waren 15 Stunden vergangen. Entsprechend seiner berechneten Position mußte er sich Irland nähern, aber

1 Spiegel
2 Voltmeter für den Erd-Induktionskompaß
3 Instrumentenbeleuchtung
4 Höhenmesser
5 Fahrtmesser
6 Kompaßkorrekturtabelle
7 Acht-Tage-Uhr
8 Bedienungsknopf für die Einspritzvorrichtung
9 Horizontallibelle
10 Längsnivellierungsinstrument
11 Öltemperaturanzeiger
12 Kraftstoffvorratsanzeiger
13 Öldruckanzeiger
14 Mischregulierung
15 Zündmagnetschalter
16 Drehzahlmesser
17 Wendeanzeiger
18 Periskop
19 Bedienungshebel für Periskop

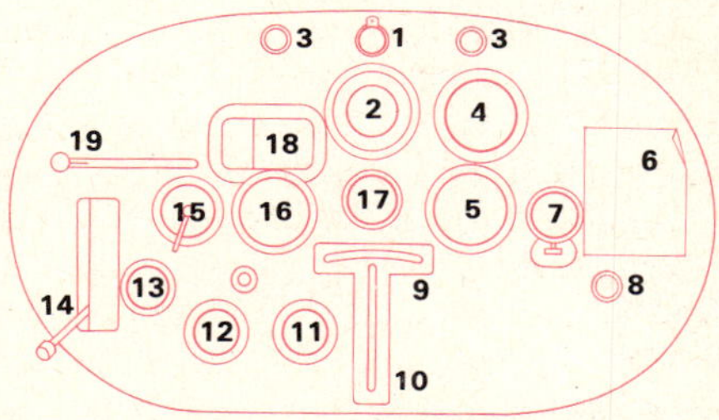

*Im Jahre 1927 flog Charles Augustus Lindbergh (*1902) im Alleinflug von New York nach Paris, 5810 Kilometer in 33,5 Stunden. Das hier abgebildete Instrumentenbrett war gut sichtbar angebracht, und es war sicherlich das fortschrittlichste, das damals existierte. Lindbergh wich nur acht Kilometer vom vorgesehenen Kurs ab.*

er hatte keine Möglichkeit, eine Bestätigung zu finden. Plötzlich sichtete er ein Fischerboot, ein Zeichen dafür, daß Land in der Nähe war – aber welches Land? Er drosselte seinen Motor und ging dann bis auf eine Höhe von 15 m über dem Wasser herunter, lehnte sich aus dem Fenster und rief: «Wo geht es nach Irland?» Aber die Bootsbesatzung war entweder zu erschrocken, um zu antworten, oder konnte ihn nicht hören. Lindbergh flog noch eine Stunde, und dann wurde der eintönige Anblick von Meer und Himmel von dem verschwommenen Umriß des wunderwollen, tröstenden Landes unterbrochen. Bald konnte er die Stadt Valentia an der Südwestküste von Irland ausmachen; nach 16 Stunden Seenavigation war er fast genau auf seinem Kurs – und 2 Stunden seinem Fahrplan voraus.

Navigation auf dem Peilstrahl

Im gleichen Jahr begann man, erste Funknavigations-Systeme einzurichten, Funkfeuer, in vier Richtungen, auf LW/MW. (LW/MW bedeutet Langwelle/Mittelwelle, ein Frequenz-Bereich direkt unter dem MW. Radio-

Das Instrument (links), das den Luftdruck mißt, zeigt die Höhe des Flugzeugs an. Das Fenster gibt die Höhe in tausend Fuß, der Zeiger in hundert Fuß an. Dieses Flugzeug befindet sich in einer Höhe von 35 000 Fuß (10 680 Meter). Der Höhenmesser ist auf 29,92 = 760 Millimeter Quecksilbersäule geeicht, also auf den Normaldruck in Meereshöhe. Das gilt es zu bedenken, wenn man eine Bergkette überfliegt wie das Flugzeug auf der gegenüberliegenden Seite.

Bereich, die sogenannte Grenzwelle.) Ein Sender schickt eine Folge von Signalen aus, die ein Kreuz bilden, wobei der Sender im Schnittpunkt steht. Der Pilot konnte seinen Empfänger auf eine Station in der Nähe seiner Flugposition einstellen, deren Frequenz und Position auf seiner Karte verzeichnet waren. Ein ständiges Summen in seinen Kopfhörern bedeutete, daß er «auf dem Leitstrahl war», also auf einem der vier Arme des Kreuzes entlangflog. Wenn das Summen lauter wurde, flog er auf eine Station zu; wurde es leiser, flog er weg. Ging das Summen in das Morsezeichen «A» (X) = (kurz lang) oder «N» (XX) = (lang kurz) über, war er vom Peilstrahl zur einen oder anderen Seite abgekommen, abhängig davon, ob er sich näherte oder entfernte. Die einfachste Art der genauen Positionsbestimmung war es, direkt über dem Sender zu fliegen. Dort setzte alles Summen aus. Funkstille zeigte den Kontrollpunkt an.

Das System hatte einige Nachteile, der wesentlichste davon war die hohe Empfindlichkeit der Frequenz gegenüber Luftstörungen. Der Pilot konnte oft die Signale während Schlechtwetterperioden nicht hören, wenn er die Navigationsinformationen gerade am dringendsten brauchte. Der LW/MW-Funkstrahl jedoch war das Beste, was die Technik zu der Zeit bieten konnte, und zusammen mit den ungefähren Berechnungen war er eine große Navigationshilfe über den Wolken, wo das Fliegen mit Bodensicht unmöglich war. Das Fliegen in den Wolken war jedoch noch etwas anderes. Wenn einer dieser ersten Flieger weder den Boden noch den Horizont sah, konnte er das Gefühl haben, daß er geradeaus und horizontal flog, während sich das Flugzeug tatsächlich in einer Kurve befand. Pionierpiloten, die plötzlich in einer Wolke oder im Nebel gefangen waren, wurden allzu häufig verwirrt und gerieten in eine unkontrollierte Fluglage, aus der sie nicht mehr herauskamen. Der präzise «Blindflug» erforderte viel feinere Instrumente als diejenigen, die in den zwanziger Jahren zur Verfügung standen.

James Harold («Jimmy») Doolittle (*1896) war der Mann, der sie verlangte und erhielt. Doolittle ist hauptsächlich wegen seiner Rolle im Zweiten Weltkrieg bekannt (Bombardierung Tokios von einem Flugzeugträger aus im Jahre 1942), doch hat er sich schon früher einen wichtigen Platz im Flugwesen verdient, und zwar als der erste Mensch, der erfolgreich einen Blindflug nur mit Hilfe von Instrumenten durchführte. Im Jahre 1928 wurde aus dem Fonds von Daniel Guggenheim (1856–1930) zur Förderung des Flugwesens ein Laboratorium für die Entwicklung des Blindflugs bei Mitchel Field (Long Island) gebaut. Harry Frank Guggenheim (*1890), der Präsident des Fonds, vertraute Doolittle die Leitung des Projekts an.

Doolittle hatte ein System von zwei Funkfeuern zur Verfügung, wovon eines dem Piloten die Richtungsführung auf die Landebahn gab. Aber sie waren unzulänglich ohne exakte Instrumente im Cockpit, die genaue Informationen über Richtung, Höhe und Lage des Flugzeugs lieferten. Der wackelnde Magnetkompaß war für niedrige Flüge in der Nähe von Hindernissen ungeeignet, ebenso der barometrische Höhenmesser, der Abweichungen bis zu 30 m aufwies. Doolittle suchte auch etwas Besseres als die existierende sogenannte Libelle, bei der ein Bällchen in einer Glasröhre zur einen Seite oder zur anderen Seite rollte, wenn sich die Flügel zur Seite neigten, denn es war wichtig, die Flügel während des Anfluges und Aufsetzens auf der Landebahn waagerecht zu halten.

Doolittle löste zuerst das Problem des Höhenmessers. Er fand Hilfe bei einem Instrumentenbauer, der barometrische Höhenmesser mit nur drei Metern Abweichung anbot, also wesentlich genauere als die bisher verwendeten. Eine Schweizer Uhrenfabrik lieferte die Mechanik auf genaue Anweisung hin. Das Ergebnis war eine ungeheure Verbesserung der Anzeigegenauigkeit.

Das mittlere Zifferblatt des T-Querbalkens in der oberen linken Zeichnung zeigt die Lage des Flugzeugs in der Luft an. Der weiße Strich ist der Horizont. Der Strich, der hindurchführt, bewegt sich entsprechend der Lage des Flugzeugs. Das Modell auf der gegenüberliegenden Seite oben steigt im Winkel von 15° und liegt in einer 30°-Linkskurve. Der Horizont scheint sich dagegen nach rechts zu neigen.

Der Kreisel dieser Navigationshilfe (linke untere Zeichnung) zeigt das Flugzeug auf dem Kurs von 315° (gestrichelte Linie im unteren Bild auf der gegenüberliegenden Seite), aber der Pilot hat den Funkpeilzeiger auf 270° gestellt, den Kurs, den er bald fliegen wird. Eine 45°-Linkskurve wird ihn auf den Peilstrahl bringen; der Zeiger gibt dann Abweichungen an.

Kreiselinstrumente im Cockpit

Inzwischen hatte Elmer Ambrose Sperry (1860–1930) damit begonnen, an Instrumenten zu arbeiten, die sowohl den bestehenden Kompaß als auch den Wendeanzeiger ersetzen sollten. Seine Firma hatte schon in der Weltproduktion von Kreiseln eine führende Rolle inne. Unter Kreiseln versteht man dabei Geräte, die auf dem Prinzip beruhen, daß eine Masse, die sich schnell um eine Achse dreht, sich jeder Richtungsveränderung der Achse widersetzt. Jetzt paßte Sperry das Kreiselsystem den Anforderungen Doolittles an und baute den «Sperry Artificial Horizon», einen künstlichen

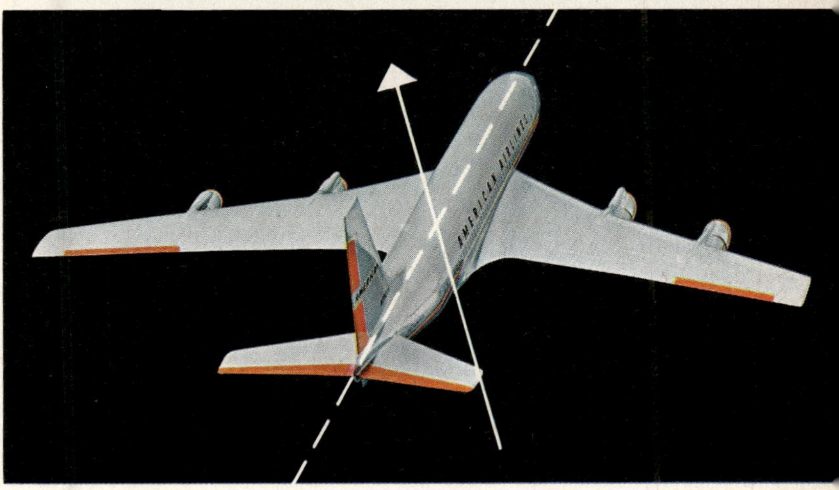

Horizont. Sein wesentliches Element war ein Rad, das mit einigen tausend Umdrehungen pro Minute rotierte und dessen Achse horizontal gelagert war. Ein Zeigerinstrument im Cockpit hatte eine feste Horizontlinie und einen beweglichen Zeiger, der die Tragflächen des Flugzeugs darstellte. Wenn das Flugzeug stieg oder fiel, wanderte der Zeiger über oder unter die Horizontlinie. Ging das Flugzeug in eine Kurve, neigte sich der Zeiger entsprechend, da der Kreisel auf jede Abweichung von der wirklichen Horizontalen reagierte. Dadurch wurde dem Piloten ein dauerndes Bild von der Lage des Flugzeugs gegeben. Als Ersatz für den Magnetkompaß entwickelte Sperry einen Richtungskreisel, der auch um einen horizontal dre-

henden Kreisel gebaut war. Dieses Gerät konnte man auf einen Kompaßkurs einstellen, und es hielt sich trotz aller Bewegungen des Flugzeugs ganz genau in dieser Richtung.

Am 24. September 1929 testete Doolittle seine neuen Instrumente und seine Funktechnik ein letztes Mal. Am Morgen dieses Tages verbreitete sich dichter Nebel und hüllte das Mitchel Field ein, aber der Nebel spielte keine Rolle für Doolittle. Sein Cockpit war wie mit einer Haube bedeckt, die jegliche Sicht nach draußen verhinderte. Mit Hilfe des Funkfeuers richtete sich Doolittle auf der Startbahn aus, startete, stieg auf 300 m und flog einige Kilometer in zwei verschiedene Richtungen, wobei er den LW/

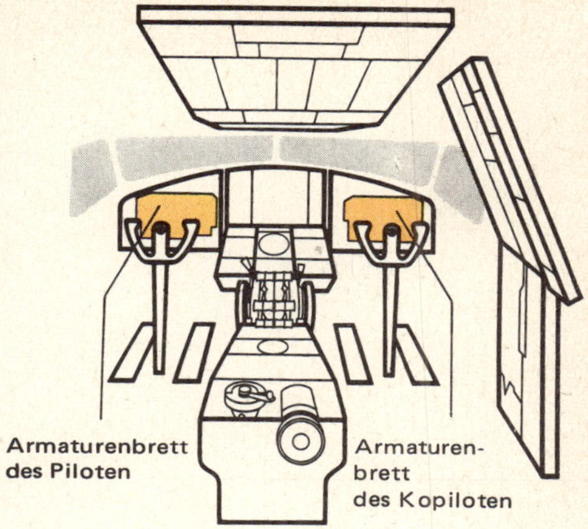

Über seinem Steuerknüppel hat der Pilot einen klaren Blick auf seine wichtigsten Fluginstrumente. Auf dem linken Bild findet man in der T-förmigen Grundanordnung zuerst den Fahrtmesser (oberste Reihe links); die nächsten beiden Instrumente in derselben Reihe vervollständigen den Querbalken des T. Der Kurskreisel (nächste Reihe unten) bildet den senkrechten Teil des T. Das Zifferblatt oben rechts zeigt die Fall- oder Steiggeschwindigkeit an. Darunter ist eine Uhr und links davon ein Magnetkompaß. Die beiden unteren Instrumente ganz links im Blickfeld des Piloten sind der Wendezeiger und der kleinere Machmeter, der die relative Geschwindigkeit des Flugzeugs zur Schallgeschwindigkeit mißt

MW-Gleitstrahl und den Kreiselkompaß benutzte. Dann flog er auf dem Leitstrahl den Heimatflughafen an, heftete seine Augen auf die Instrumente und kam mit einer holprigen Landung herein. Ein neues Zeitalter der Flugtechnik hatte begonnen.

Ende der dreißiger Jahre flogen die Verkehrsflugzeuge routinemäßig nach Instrumenten. Der geniale Autopilot konnte den Menschen von der Steuerung ablösen. Er reagiert auf zwei Kreisel und erfaßt jede senkrechte oder waagerechte Abweichung von einem gesetzten Kurs. Jede Kursveränderung setzt kleine Motoren in Betrieb, die die nötigen Kurskorrekturen durch Betätigung der Steuerungsorgane des Flugzeuges durchführen.

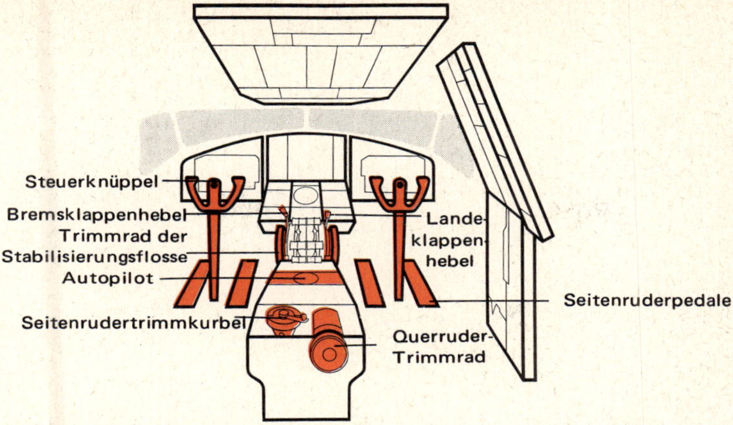

Obwohl ein Flieger des Ersten Weltkriegs die Flugkanzel einer Boeing 707 kaum als Cockpit eines Flugzeugs wiedererkennen würde, wären ihm einige Instrumente von dem Moment an vertraut, in dem er sich in den Pilotensessel setzte. Die Steuerungsorgane, die der Pilot zum Starten, Landen und Fliegen der Maschine braucht, wurden im Laufe der letzten fünfzig Jahre nicht grundlegend geändert, sondern nur beträchtlich verfeinert. Diese Armaturen, die oben farbig gekennzeichnet sind, steuern die beweglichen Teile der Tragflächen und des Leitwerks. Der Steuerknüppel betätigt die Höhenruder, die die Nase des Flugzeugs nach oben oder unten zwingen. Das halbe Rad bewegt die Querruder zum Kurvenfliegen, die Pedale kontrollieren die Seitenruder und helfen beim Drehen des Flugzeugs. Moderne Verfeinerungen sind die Trimmräder für die Querruder, Höhenruder und Seitenruder, die feine Flugberichtigungen ermöglichen. Neu sind ebenfalls die Lande- und Bremsklappenhebel.

Ebenso wie bei einer Boeing 707 sind bei allen anderen modernen Flugzeugen, ob groß oder klein, die Steuerungsorgane in bequemer Reichwerte des Piloten angeordnet, wie auf der gegenüberliegenden Seite gezeigt wird, wo der Pilot gerade das Seitenruder-Trimmrad bedient. Für den Kopiloten sind in zweiter Ausführung die Seitenruderpedale, der Steuerknüppel und die halbkreisförmige Querrudersteuerung vorhanden; alle anderen Bedienungselemente liegen auf einer Bank zwischen Pilot und Kopilot.

Ein neues elektronisches Alphabet

Die Elektroindustrie hat während des Zweiten Weltkriegs zwei Systeme vervollkommnet, die den Prozeß der Automation beschleunigten und den Grundstock für die moderne Navigation legten. Das erste war das Hochfrequenz-Rundfeuer (Very High Frequency Omnidirectional Range) oder VOR, Nachfolger des LW/MW-Systems. Dieses UKW-Frequenzband liegt genau über dem Band der UKW-Heimempfänger und ist unempfindlich gegen atmosphärische Störungen, selbst bei schweren Gewittern. Der «Rund»-Sender überlagert zwei Signale über 360°, wobei sich die Kombination mit der Richtung ändert. Ein Empfänger identifiziert sofort die Kombination, und eine Nadel am Instrumentenbrett zeigt die Richtung

Der Kapitän (links) und der Erste Offizier sehen sich einem Aufwand von mehr als 200 Steuerungsorganen und Instrumenten gegenüber, wenn sie auf ihren Arbeitsplätzen sitzen, Das Cockpit der Boeing 707 wird hier von dem Platz des Flugingenieurs aus gezeigt, der

sich hinter dem Mittelgestell befindet. Der ganze Raum ist nur 2,60 Meter lang und mißt an der breitesten Stelle 2,75 Meter, während die Höhe beim Pilotensitz nur 1,50 Meter beträgt.

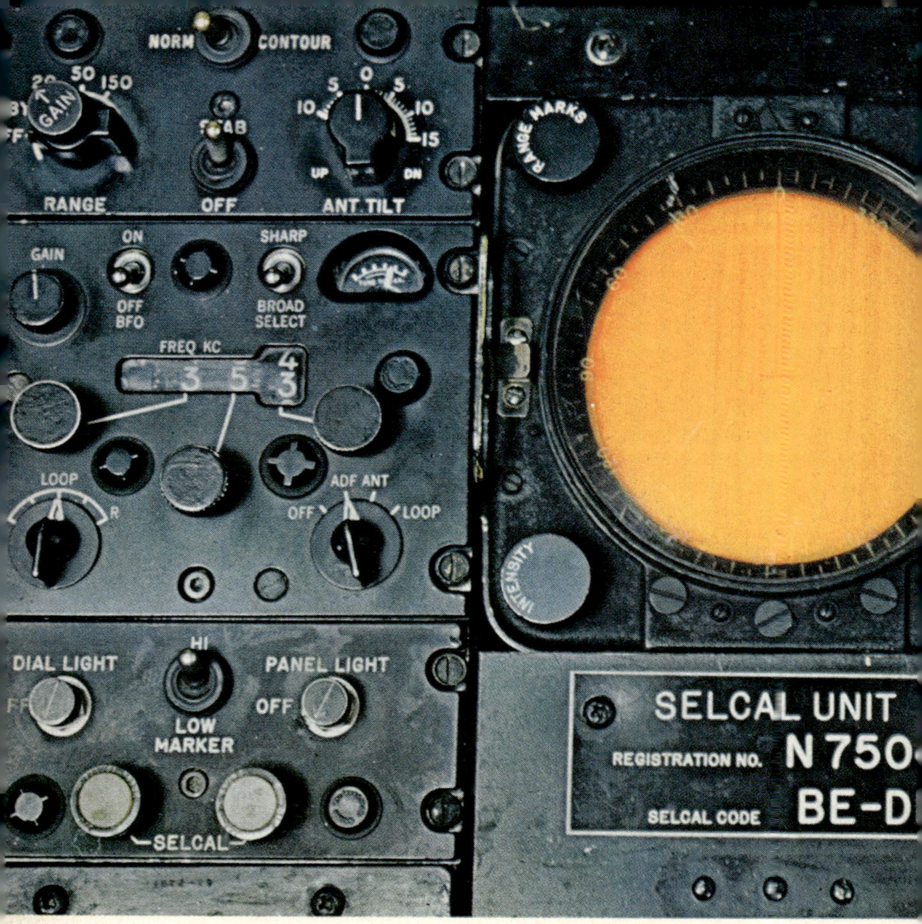

der Station an, nicht aber ihre Entfernung. Indem der Pilot eine zweite Station für eine weitere Peilung einstellt, kann er seine Position genau festlegen. Verkehrsflugzeuge haben eine zusätzliche Einrichtung, die eine zweite Peilung unnötig macht. Es ist die Entfernungsmeßeinrichtung (Distance Measuring Equipment) oder DME, sie besteht aus einer Sender-/Empfänger-Anlage im Flugzeug und in den verschiedenen Bodenstationen. Der Sender im Flugzeug, der «Interrogator», befragt die Bodenstation, indem er ein Funksignal an eine bestimmte Station schickt. Das Signal löst eine sofortige Antwort des «Transponders» aus, die der Empfänger im Flugzeug auffängt. Eine elektronische Einrichtung mißt genau die vergangene Zeit zwischen den beiden Signalen und liefert dem Piloten sofort die Entfernung zwischen Flugzeug und Station. Eine ähnliche militärische

Der Wetterradarschirm beherrscht wie ein rundes Auge die Tafel mit den Nachrichtengeräten, die zwischen Pilot und Kopilot liegt. Seine Steuerungsgeräte sind oben links zu sehen. Gegenüber befinden sich die Steuerungsgeräte für den ATC (Air Traffic Control) Transponder. Die beiden mittleren Tafeln (rechts und links vom Wetterradarschirm) haben Navigationsfunktionen und sind für die beiden automatischen Richtungsempfängersysteme verantwortlich. Unten links und in der Mitte befindet sich die SELCAL-Einrichtung (Selective Calling), die eine spezielle Radiofrequenz überwacht: Wird eine Nachricht von der Fluggesellschaft an dieses bestimmte Flugzeug gerichtet, dann wird die Besatzung durch ein Klingelzeichen darauf aufmerksam gemacht, sich einzuschalten.

Einrichtung, die TACAN (Tactical Air Navigation), bei der ein einziges Signal zur Bestimmung von Richtung und Entfernung benutzt wird, bildet zusammen mit dem VOR/DME ein System, das VORTAC genannt wird. Dies ist die Grundlage des heutigen, weltweiten Navigationsnetzwerkes.

Die zweite wichtige Kriegsentwicklung war die Verfeinerung des Radars (Radio Detecting and Ranging). Ein Radarsender schickt einen Peilstrahl aus, gewöhnlich eine pulsierende Welle, bei der eine zehntausendstel Sekunde zwischen den Impulsen liegt. Der Strahl bewegt sich durch den Raum, bis er auf irgendeinen festen Körper trifft, von dem er zu einem Empfänger am Ausgangspunkt hin reflektiert wird. Wie beim DME kann die Entfernung durch die vergangene Zeit genau gemessen werden. Auf einem zusätzlichen Sehschirm kann ein Bodenbeobachter die Position des

Mit Hilfe des Handmikrophons bittet der Pilot um die Einfluganweisungen vom Kontrollturm des Flughafens. Er läßt ein Ohr unbedeckt, damit er auch seine Besatzungsmitglieder hören kann. Pilot und Kopilot teilen sich die Aufgabe der Funkverbindungen, abhängig davon, wer zur Zeit fliegt.

Flugzeugs als Leuchtzeichen sehen. Der Radarhöhenmesser wendet dieses Prinzip in seiner Umkehrung an. Eine an Bord eingebaute Radarstation schickt einen Funkstrahl auf die Erde, um die genaue Höhe des Flugzeugs über dem Boden und nicht über dem Meeresspiegel, die der barometrische Höhenmesser anzeigt, zu bestimmen. Das Bord-Radar kann auch nach vorn gerichtet werden, um Schlechtwettergebiete ausfindig zu machen.

Trotz ihrer Wirksamkeit sind VORTAC und Radar dem kommenden Zeitalter der Überschallverkehrsflugzeuge nicht angemessen. Bei einer Geschwindigkeit von 50 km in der Minute wird ein Überschallflugzeug des nächsten Jahrzehnts so schnell durch die 320 km Reichweite des VORTAC hindurchjagen, daß der Pilot den größten Teil seiner Zeit dafür verwenden müßte, die neuen Stationen einzustellen. Die Lösung dieses Problems der Überschallnavigation mag die Trägheitsnavigation sein, ein System, das jetzt von Militärflugzeugen benutzt wird. Die Trägheitsführung nutzt, wie

Zwei Paar Schalttafeln, von dem Autopiloten getrennt, steuern die UKW-Navigations- und Nachrichteneinrichtungen des Flugzeugs. Sie befinden sich links und rechts in gleicher Ausführung für den Piloten und den Kopiloten, die sich bei der Bedienung abwechseln, ohne die Plätze tauschen zu müssen.

Eine Tragfläche einer landenden Boeing 707, die fast alle Klappen ausgefahren hat, sieht aus, als fiel sie gleich auseinander. Aus der Sicht des Passagiers wird hier ein Flügel mit ausgefahrenen Lande- und Bremsklappen gezeigt, die den Auftrieb vergrößern und die Geschwindigkeit des Flugzeugs während des Starts und der Landung verringern. Die beiden Querruder sind hier für den Geradeausflug eingestellt. Oben auf der Tragfläche sieht man Turbulenzbleche, die das Abreißen des Luftstroms vom Flügel verhindern sollen (vgl. Bilderläuterung auf Seite 64).

Beim heutigen Stand des Luftverkehrs ist Kontrolle eine der wichtigsten Aufgaben des Bodenpersonals. Die Verkehrsdichte hat derartige Ausmaße angenommen, daß ohne das ausgeklügelte System der Flugsicherung und ohne den ungeheuren technischen Aufwand für Kontrollgeräte an sicheres Fliegen nicht zu denken wäre, zumal die Geschwindigkeiten immer größer werden. Der private Flugverkehr nimmt zudem ständig zu.

Hier ein Blick in die Kanzel eines Kontrollturmes. Die Männer, die hier arbeiten, sind für den gesamten Flugverkehr im Umkreis von mehreren Kilometern verantwortlich. Sie geben Lande- und Starterlaubnis, sie weisen Warteräume zu. Unterstützt von zahlreichen hochempfindlichen Geräten fällen sie Entscheidungen, die manchmal unbequem sind, aber immer von den Erfordernissen der Sicherheit ausgehen.

Anflugroute zum Warteraum
Funkfeuer

der künstliche Horizont und der Kreiselkompaß, die Reaktion des Kreisels auf jede Richtungsveränderung seiner Achse aus. Eine Reihe von Beschleunigungsmessern, die durch Kreisel stabilisiert sind, erfassen alle Kursänderungen eines Flugzeugs. Sie sind mit einem Elektronenrechner verbunden, der «weiß», wo der Flug begann, der sich alle Veränderungen der Geschwindigkeit, Höhe und Richtung «merkt» und «behält», wie lange das Flugzeug mit jeder veränderten Bedingung geflogen ist. So kann das Trägheitsführungssystem unabhängig von jeder Bodenstelle zu jeder Zeit die genaue Position angeben.

Ein Himmel voller Flugzeuge

Ein größeres Problem für die Zukunft als die Navigation von Ort zu Ort ist die Flugsicherung – es beschäftigt die klügsten Köpfe der heutigen Flugtechnik. In den Vereinigten Staaten gibt es mehr als 100 000 Flugzeuge, von denen viele mit Geschwindigkeiten bis zu 1000 km/h oder noch schneller fliegen können. Wie kann man sie beobachten und aus dem Weg der anderen fernhalten? Neue Ausrüstungen erlauben dem Flugsicherungssystem wenigstens, mit der immer noch steigenden Anzahl der Flugzeuge Schritt zu halten. Automatische Datenverarbeitungsmaschinen beschleunigen die Übertragung der Fluginformationen auf 21 Sicherungszentren, und neue Bildschirme geben den Flugsicherungsbeamten eine Vorstellung von dem Luftraum, für den er verantwortlich ist. Das System ist jetzt vollständig mit weitreichenden Radargeräten ausgerüstet und ermöglicht der Sicherung, immer ein elektronisches Auge auf ihre Zöglinge zu werfen.

Ein Problem der Flugsicherung, das immer noch einer Lösung trotzt, ist der älteste Feind der Navigation – das Wetter. *«If you've time to spare, go by air»* (Hast du zuviel Zeit, dann fliege), ist ein verbreiteter Spott, besonders ärgerlich, weil etwas Wahres in ihm steckt. Verzögerungen und Startverbote wegen des Wetters kosten die Fluggesellschaften Unsummen – ganz abgesehen von dem zermürbenden und nervenaufreibenden Warten der wütenden Passagiere, die, weit von zu Hause entfernt, auf die Flughäfen verschlagen wurden. Die moderne Navigation hat Verzögerungen wegen des Wetters für die Flugzeuge in der Luft beträchtlich verringert, doch sicher auf die Landebahn hinunterzukommen, ist wieder etwas anderes. Vor kurzem wurde ein neues System für die Schlechtwetterlandung ausprobiert. Es wird PALS (Precision Approach and Landing System) genannt und basiert auf einer Reihe von Elektronenrechnern, die zwei Funk-

Ein Düsenflugzeug klettert von der obersten bis zur untersten Sprosse im Warteraum und wartet auf die Landeerlaubnis. Die höchste Sprosse liegt hier bei 7000 Metern und die niedrigste bei 3250 Metern. Die ovalen Flugbahnen sind 15 Kilometer lang und 7 Kilometer breit. Um den Warteraum herum befindet sich ein geschützter Luftraum, der fast zwanzigmal größer ist als der Warteraum.

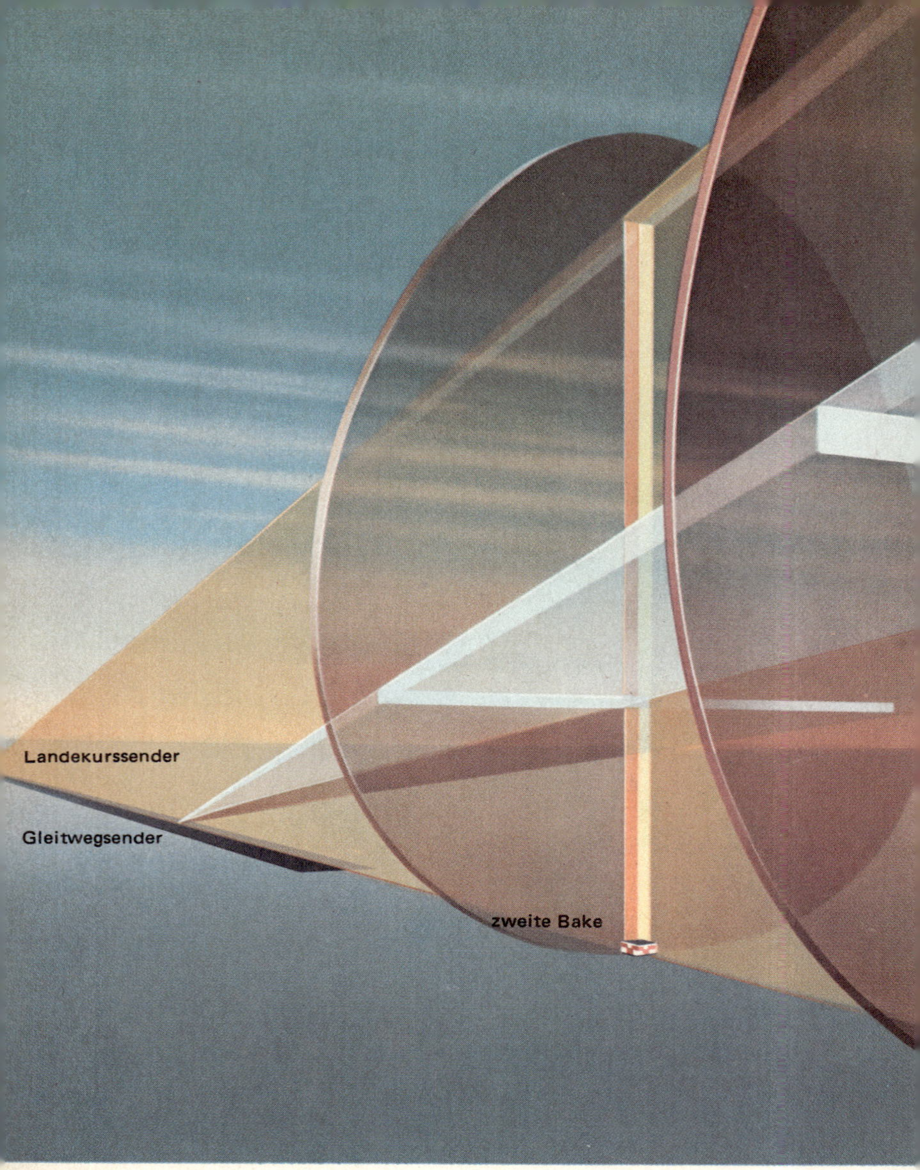

Sehr oft finden Verkehrsflugzeuge ihren Zielflughafen unter einer Wolkendecke versteckt, doch solange die untere Grenze der Wolkenschicht nicht niedriger als 60 Meter liegt und die Sicht am Boden nicht weniger als 800 Meter beträgt, können sie sicher landen. Das Verfahren, das dies ermöglicht, besteht aus einer Kombination von drei Funksystemen und wird Instrumentenlandesystem oder ILS genannt. Das eine System ist der Gleitweg-Leitstrahl, der den Piloten auf seinen Anflugwinkel leitet; das zweite ist der Landekurs-

Leitstrahl, der den Gleitweg-Leitstrahl senkrecht schneidet und das Flugzeug im geraden Flug zur Landebahn führt. Gleitwegsender und Landekurssender setzen ein Cockpitinstrument mit einem beweglichen Fadenkreuz in Betrieb: ist dies zentriert, befindet sich das Flugzeug auf dem Weg zur Mitte der Landebahn bei einem Winkel von 2,5°. Die dritte Komponente des ILS besteht aus zwei senkrecht strahlenden Funkbaken, die dem Piloten die Entfernung von der Landebahn angeben.

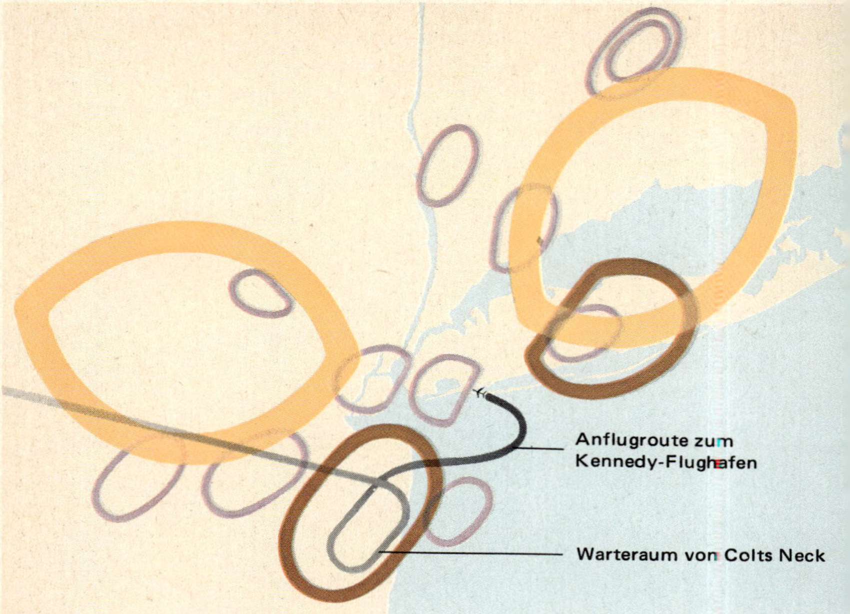

Die Karte oben zeigt die Hauptwarteräume in der Gegend von New York. Orange: sehr hoch, von Düsenflugzeugen bei Überfüllung der anderen Warteräume benutzt; braun: hoch, für Düsenmaschinen; violett: niedrig, für Kolbenmotormaschinen.

Auf der gegenüberliegenden Seite sieht man den Ausschnitt um den Flughafen selbst (grüner Fleck, halb rechts oben). Warteräume und Luftfronten sind hier in den Radarschirm des Flugverkehr-Kontrollzentrums eingeätzt, so daß die Position ankommender und wartender Maschinen gleich lokalisiert werden können.

leitstrahlen des gegenwärtigen Landesystems mit den Informationen von zwei Radarhöhenmessern im Flugzeug verbinden und das Flugzeug automatisch mit dem Autopilot anfliegen lassen.

Das PALS ist jedoch nur eine Behelfslösung für die Probleme des Allwetterflugs und der wirksamen Flugsicherung. Es werden laufend Verbesserungen gemacht, aber wenn jährlich noch mehr und noch schnellere Flugzeuge in die schon überfüllten Flugwege aufgenommen werden, befindet sich die Flugsicherung zeitweilig in arger Bedrängnis, wenn sie auf alle ihre schnellen Zöglinge achten soll. Obwohl schon Milliarden von Mark für die Entwicklung der Verkehrsflugzeuge der Zukunft ausgegeben wurden — für riesige Vögel, die mit Überschallgeschwindigkeit durch die Luft schießen werden —, muß sich immer noch ein beträchtlicher Teil des ungeheuren Flugforschungsprogramms der alten und unvollendeten Arbeit widmen, ein Flugzeug von heute sicher von einem Ort zum anderen zu bringen.

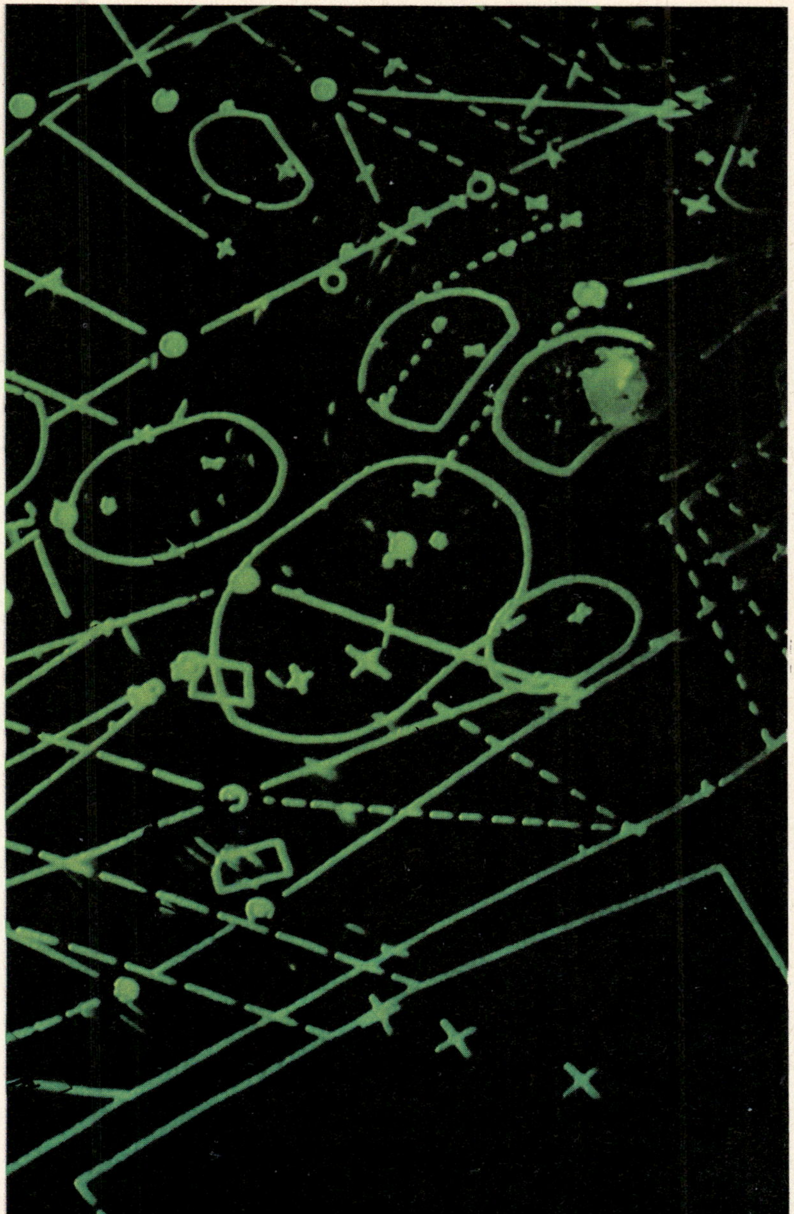

Die heutigen Verkehrsflugzeuge fliegen an der obersten Grenze der Unterschallgeschwindigkeit und sind Mach 1 so nahe, wie ihre Konstruktion es erlaubt. Der Fortschritt wird die Zivilluftfahrt in das Reich des Überschalls versetzen – und eine Fülle von Streitfragen aufwerfen. Da das Überschallverkehrsflugzeug oder SST (supersonic transport) die Passagiere mit zwei- oder dreifacher Schallgeschwindigkeit befördern wird, ist es zugleich eine neue Art von Flugzeug, das eine totale Verbesserung der Zivilluftfahrt erforderlich macht. Die hier gezeigte Lockheed-L-2000-SST-Konstruktion hat die Gestalt eines Doppeldeltaflügels, eines Flügels, der scharf gepfeilt ist und in eine breitere Tragfläche übergeht. Wie die meisten SST-Konstruktionen benötigt sie vier Düsenstrahltriebwerke. Obwohl sie noch nicht aus dem Zeichentischstadium herausgewachsen sind, spezialisieren sich die L-2000-Flugzeuge auf Geschwindigkeiten bis Mach 3 für 170 bis 250 Passagiere.

7

Heute Traum, morgen Wirklichkeit

In der Ecke einer großen Flugzeughalle im Langley Research Center in Hampton, Virginia, steht das Cockpit des Düsenverkehrsflugzeugs DC-8. Daneben befinden sich verschiedene Räume voll mit elektronischen Geräten, so mit dem Cockpit verbunden, daß es, mit den Worten einer der Forscher, «glaubt, es sei ein Überschallflugzeug». Das Cockpit ist ein Simulator, seine Steuerungsorgane reagieren übereinstimmend mit dem «Gefühl» eines Überschallverkehrsflugzeugs oder SST *(supersonic transport)* von morgen. Die herkömmlichen Instrumente wurden durch SST-Instrumente ersetzt, die es ermöglichen, jede Phase eines wirklichen Überschallfluges nachzuahmen. Auf den Radarschirmen im Cockpit werden Leuchtflecken von den Bodenkontrollen in Atlantic City, New Jersey, erzeugt, weitere hundert Leuchtflecken bewegen sich mit verschiedenen Geschwindigkeiten und Höhen auf der gleichen Route: sie täuschen so einen normalen Unterschallverkehr vor. Die erfahrene Flugmannschaft, die die «Überschall-DC-8» bei Langley bemannt, muß vollständige Flugoperationen «fliegen», vom Start über das Steigen und den Streckenflug bis zu einer Landung auf dem internationalen Kennedy-Flughafen in New York. Währenddessen versuchen die Beobachter, den Leuchtpunkt der schnellen SST durch den anderen Verkehr zu lotsen, was nicht leicht ist.

Es erscheint wie ein teures Spiel und ist doch ernsthafte Forschung. Das National Aeronautics and Space Administration (die Luft- und Raumfahrtbehörde der USA, bekannt unter der Abkürzung NASA) Team bei Langley hofft, herauszufinden, wie ein Überschallverkehrsflugzeug die Einflugschneisen anfliegen muß, in denen sich viele langsamere Flugzeuge befinden. Muß es sich den Geschwindigkeiten der anderen Düsenflugzeuge anpassen oder kann es mit höheren Geschwindigkeiten, die seiner Konstruktion mehr entsprechen, eingeplant werden? Die Antworten haben entscheidenden Einfluß auf die letzte Formgebung des SST. Die Federal Aviation Agency (Bundesamt für Flugwesen) sucht andererseits nach genauen Definitionen der Probleme bei der Flugsicherung, um so entscheiden zu können, welche neuen Sicherheitseinrichtungen bei der Einführung dieses neuen Flugzeugtyps gefunden werden müssen.

Die heutige Flugforschung umfaßt ein so riesiges Gebiet, daß allein die Beschreibung der Tausende von verschiedenen Projekten einige Bände fül-

len würde. In den Vereinigten Staaten werden ungefähr sechs Milliarden DM jährlich für ein äußerst umfangreiches Programm ausgegeben, das alle Typen von Flugzeugen im Geschwindigkeitsbereich von null bis zu einem Vielfachen der Schallgeschwindigkeit einschließt, außerdem Tausende von Flugzeugzubehörteilen und viele Dinge, die für die Ausrüstung der Bodenstationen notwendig sind. Ungefähr zwei Drittel dieses Geldes wird von den Militärstellen ausgegeben, die an einer Anzahl von Forschungsprojekten arbeiten, die in erster Linie auf die besonderen Ansprüche der Verteidigung zugeschnitten sind. Eines der größten und vielseitigsten Forschungszentren befindet sich in der Wright-Patterson Air Force-Base in der Nähe von Dayton (Ohio), wo die amerikanische Luftwaffe vier Hauptlaboratorien unterhält – Flugdynamik, Flugantrieb, Werkstofftechnik und Flugelektronik. Der Brennpunkt der Zivilflugforschung ist die NASA, die ebenfalls vier Laboratorien für die Flugtechnik und die vielen

Vor dem ersten Probeflug muß für diesen Überschall-Transporter der NASA, die SCAT 15 F, die Hauptentwicklungsarbeit schon getan sein. Große Überraschungen dürfen eigentlich nicht mehr eintreten, denn jedes Detail ist zigmal geprüft worden. Eine Waage im Inneren des Modells mißt Kräfte wie Widerstand und Auftrieb. Die Ergebnisse werden von Elektronenrechnern ausgewertet. Man testet ein solches Modell so lange, bis ein aerodynamisches Optimum für die gestellte Aufgabe erreicht ist, nicht nur aus Kostengründen, sondern vor allem der Sicherheit wegen.

Erfordernisse der Raumfahrtforschung unterhält. Das erste davon ist das Langley-Forschungszentrum, in dem zahlreiche Forscher an aerodynamischen Antriebs-, Bau- und Betriebsproblemen arbeiten.

Militär- und Zivilluftfahrt konzentrieren sich beide auf die Untersuchung hoher Geschwindigkeiten, ihre Ziele sind die gleichen, aber die Schwerpunkte etwas verschieden. Auf dem Gebiet der Überschallgeschwindigkeiten versucht das Militärzentrum, den Wirkungsgrad seiner existierenden Überschalltypen zu verbessern, und es entwickelt neue Kampfflugzeuge und Bomber, die ununterbrochen Mach 3 oder mehr fliegen können. Die NASA beschäftigt sich mit der Erforschung des Überschalltransportwesens. Aber auch von anderen Organisationen werden zusätzliche und wertvolle Forschungsarbeiten geleistet. Universitätsinstitute und Wissenschaftslaboratorien arbeiten mit an den unzähligen Problemen der Navigationshilfen, Flugsicherung, Schlechtwetterlandungen, automatischen Steue-

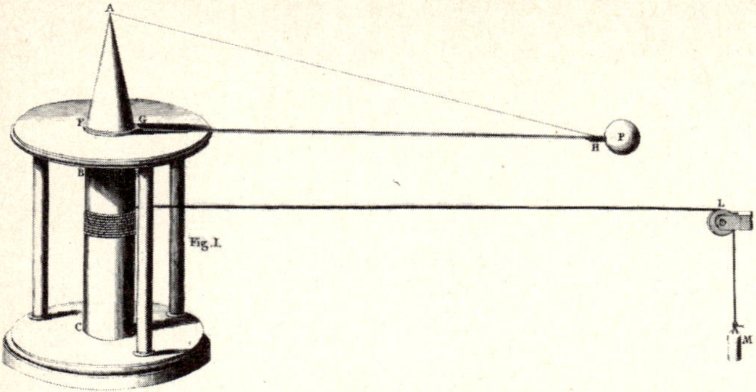

Den Luftwiderstand erkannte der englische Mathematiker Benjamin Robins (1707–1751) im Jahre 1746 als wichtigen Faktor bei Flugkörpern. Bei Robins' Maschine dreht ein Gewicht (M) eine Trommel, die einen Körper (P), den Flugkörper, zur Rotation bringt. Nach einer Messung der Umdrehungsgeschwindigkeit des Armes (GH) entfernte Robins P und entdeckte, daß er GH mit der gleichen Geschwindigkeit und einem geringeren Gewicht M drehen konnte. Robins bemerkte, daß der Gewichtsunterschied bei M dem Luftwiderstand entspricht, den P bietet.

rungen. Auch die Flugzeugfirmen beschäftigen Forscherteams für eigene Entwicklungsaufgaben und staatliche Aufträge. Nur durch solch breite Streuung der Forschungsaufgaben erreicht man die nötige Effektivität, deren Grundlage zunehmende Spezialisierung ist.

Vier Forschungskategorien

Die Art der Arbeit, die von all diesen Organisationen ausgeführt wird, kann in vier Kategorien eingeteilt werden. Die erste ist die Grundlagenforschung, das allgemeine Erfassen des aeronautischen Wissens ohne Rücksicht auf seine direkte Anwendung. Die Grundlagenforschung kann auf einem Spezialgebiet die Arbeit von nur einem einzigen Mann bedeuten, er arbeitet Theorien aus und studiert die endlose Flut der wissenschaftlichen Literatur, um das Wissen anderer aufzunehmen, die auf dem gleichen Feld experimentiert haben. Sie kann aber auch ein Team von vielen Wissenschaftlern umfassen, die an einer komplizierten Vorrichtung arbeiten, bestehende Theorien umändern und testen oder neue Erscheinungen erforschen, für die noch keine Theorien entwickelt wurden.

Die nächste Kategorie ist die angewandte Forschung. Hier versuchen die Wissenschaftler, die Ergebnisse der Grundlagenforschung nutzbringend anzuwenden. Diese Arbeit kann Experimente einschließen, bei denen man versucht, die Gefügefestigkeit von Metallen durch die Entwicklung neuer Legierungen zu erhöhen oder den Wirkungsgrad der Verbrennung in einem Triebwerk zu verbessern. Ein Schritt weiter ist die Entwicklungsforschung, die Konstruktion und die Testflüge einer Maschine, der Bau ihres Antriebssystems und ihrer Ausrüstung. Schließlich gibt es noch die Forschung während des Einsatzes, durch die Schwierigkeiten beseitigt werden, auf die man bei schon im Dienst stehenden Flugzeugen stößt.

Die Flugforschung findet in erster Linie auf dem Boden statt und benötigt eine große Anzahl von Forschungsgeräten, einige davon sind so komplex und kostspielig wie die Flugzeuge, die sie zu bauen helfen. Die verbreitetsten Geräte sind der Windkanal und der Elektronenrechner. Der Windkanal ist dreißig Jahre älter als der Motorflug. Im Jahre 1871 konstruierten zwei englische Ingenieure, Francis Herbert Wenham und John Browning, eine Apparatur, die aus einem dampfgetriebenen Gebläse bestand, welches Luft über ein Modell blies, das in einem Tunnel montiert war, und dadurch eine Wirkung hervorrief, die mit der Bewegung eines Flugzeugs durch die Atmosphäre vergleichbar ist. Bei modernen Windkanälen wird, abgesehen von weiteren Verfeinerungen, immer noch das gleiche Grundprinzip angewandt. Während der Wenham-Browning-Kanal mit niedriger Luftgeschwindigkeit und gleichbleibendem Normaldruck arbeitete, können die heutigen Kanäle verschiedene Temperaturen, Dichten und andere atmosphärische Bedingungen schaffen, und die Luftgeschwindigkeiten werden bis auf 32 000 Stundenkilometer gebracht.

Ein fliegendes Elektronengehirn

Der vielseitige Elektronenrechner wird auf verschiedene Arten eingesetzt. Er führt die unzähligen mathematischen Rechnungen aus, die in der Flugforschung benötigt werden, und gibt innerhalb von Minuten die genauen Resultate, für die ein Mensch vielleicht Monate oder Jahre gebraucht hätte. Er speichert und analysiert die Daten aus den Forschungsinstrumenten, und wenn er mit einem automatischen Zeichner gekoppelt ist, liefert er graphische Darstellungen, um dem Forscher eine bildliche Vorstellung zu geben. Wenn ihm die Eigenschaften eines hypothetischen Flugzeugs programmiert werden, kann er einen theoretischen Flug simulieren und den aerodynamischen Wirkungsgrad, die Stabilität und eine Anzahl weiterer Faktoren auswerten, die die Konstruktion eines Flugzeugs bestimmen.

Andere Geräte sind speziell für ein besonderes Forschungsgebiet entwickelt. Es stehen Ausrüstungen zur Verfügung, wie Vakuumkammern, die die Bedingungen extremer Höhen herstellen, akustische Räume, um die Wirkung des hochfrequenten Düsenlärms auf die Konstruktion zu untersuchen, «Hitzekammern», um die Werkstoffe hohen Temperaturen auszusetzen, Vibrationsmaschinen, die das Flattern eines Flügels im Flug nachahmen, Hochgeschwindigkeits-Kameras, die Testbeobachtungen aufzeichnen, und riesige hydraulische Vorrichtungen, die den Aufprall bei der Landung messen. Aber trotz der Möglichkeiten in Laboratorien mit ihren

Ausrüstungen gibt es ein unerläßliches Gerät für die Forschung: das Flugzeug. Die in den Laboratorien geborenen Theorien müssen durch den Flug endgültig getestet werden, entweder die neue Konstruktion selbst oder ein Teil, das in ein Versuchsflugzeug eingebaut wird. Auf einigen Gebieten, wie in der Atmosphärenforschung, kann die gewünschte Information nur durch den Flug geliefert werden. Es gibt immer noch Bedingungen, die mit Bodenvorrichtungen nicht nachgeahmt werden können, und deshalb unterhalten die militärischen und zivilen Forschungsorganisationen Versuchsflugzeuge für jeden Geschwindigkeitsbereich bis Mach 8.

Die größten Forschungsprojekte schließen alle Techniken und die meisten Geräte mit ein, und oft haben die Entwicklungen auf dem einen Gebiet weitgehende Auswirkungen auf die Arbeit, die auf anderen Gebieten getan wird. Ein Beispiel für diese sich überschneidenden Forschungen sind die stark vorangetriebenen Untersuchungen des Hyperschallflugs (Geschwindigkeiten über Mach 5) durch die amerikanische Luftwaffe und die NASA. Das letzte Ziel ist, ein «Fahrzeug» zu entwickeln, das von der Erde starten kann, Geschwindigkeiten bis zur 25fachen Schallgeschwindigkeit erreicht, sich auf Satellitenbahnen bewegt und mit eigener Kraft zurückkehrt. Als Zwischenziel konzentrieren sich die Forscher auf ein bescheideneres, aber trotzdem unglaubliches Ziel — Flugzeuge, die im Bereich von

Die umstrittene XB-70 erhielt ihre außergewöhnliche Form und Geschwindigkeit (Mach 3) durch eine Konstruktionstheorie, die Druck-Auftriebsregel genannt wird. Die Grundidee ist hier, daß die Tragflächen so angeordnet werden können, daß sich die Druckwellen gegenseitig verstärken, um Auftrieb zu erzeugen, wie bei einem gleitenden Schnellboot. Der Deltaflügel liegt hinten, die vorderen «Entenflügel» sind große Stabilisierungsflächen, die das Flugzeug im Gleichgewicht halten. Die Maschine wurde mittlerweile außer Dienst gestellt. Ein Exemplar ist im Luftwaffenmuseum in Dayton, Ohio, zu besichtigen.

Mach 6 bis 12 fliegen. Die NASA, deren Anstrengungen dem immer noch nicht fertigen amerikanischen Überschallverkehrsflugzeug gelten, hat sich das Ziel gesetzt, ein solches Hyperschall-Passagierflugzeug zu bauen.

Bei der Entwicklung dieses Flugzeugs müssen die Forscher «ihre Bücher wegwerfen» und eine ganz neue Methode wählen. Alle bisherigen Ergebnisse zur Bestimmung der Form eines Überschallverkehrsflugzeuges sind für ein Hyperschall-Verkehrsflugzeug kaum brauchbar, denn für eine solche Maschine wird der größte Wirkungsgrad im Bereich von Mach 6 bis 8 oder 6400 bis 8000 Stundenkilometern liegen. Sogar bei gleicher Reichweite und Nutzlast werden die Anforderungen eines solchen Transportflugzeuges an Aerodynamik, Antrieb und Konstruktion viel größer werden als an die ohnehin schon riesigen Versionen der neuesten Überschallverkehrsflugzeuge, wie beispielsweise der französisch-englischen ‹Concorde›. Ein Wissenschaftler skizzierte die Dimensionen mit dem Satz: «Zuerst sah es aus, als müsse das Verkehrsflugzeug für mehrfache Schallgeschwindigkeiten über zwei Millionen Kilogramm wiegen. Jetzt scheint es, als würden wir es auf etwas weniger als eine halbe Million Kilogramm bringen.» Ein 500 Tonnen schweres Flugzeug wöge doppelt so viel wie einer der riesigen Versuchsbomber der amerikanischen Luftwaffe vom Typ XB-70, das schwerste Flugzeug, das je gebaut wurde. Der endgültige

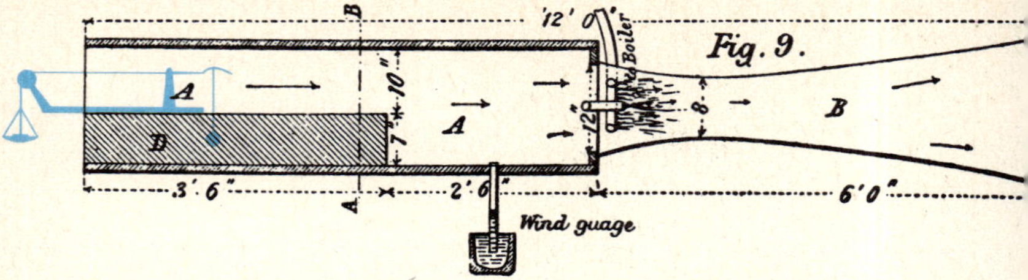

Tragflächenprofilversuche wurden zum erstenmal um 1880 von einem englischen Aerodynamiker durchgeführt. Er baute einen Windkanal, bei dem Dampf durch Düsen (in Rohr B) gedrückt wird, der die Luft aus dem Kasten A saugt. Dies lieferte eine Strömungsgeschwindigkeit von 18 Metern pro Sekunde und einen ruhigeren Luftstrom als in den ge-

Entwurf des Hyperschall-Verkehrsflugzeugs liegt noch nicht fest, doch haben Untersuchungen mit Elektronenrechnern und Windkanälen eine Form ergeben, die wenigstens ein Ausgangspunkt ist – eine flache, dreieckige Tragfläche, die von einem langen, kegelförmigen Rumpf halbiert wird. Der endgültige Entwurf hängt jedoch hauptsächlich von den Ansprüchen des Antriebs und der Bauart ab.

Ein Staustrahltriebwerk für Hyperschallgeschwindigkeit

Da die herkömmliche Strahlturbine nicht die ungeheure Kraft liefern kann, die für den Hyperschallflug notwendig ist, muß ein neues Antriebssystem gefunden werden. Voneinander unabhängige Studien von verschiedenen Instituten geben dem Staustrahltriebwerk die meisten Chancen. Man baut in den USA schon an dem Modell eines Staustrahltriebwerks für Hyperschallgeschwindigkeiten, um mehr über die Funktion dieses Triebwerks im wirklichen Flug zu lernen. Mit einem abgeänderten X-15-Raketenflugzeug soll dieses Versuchstriebwerk bis auf Mach 8 beschleunigt werden.

Der Flug mit Hyperschallgeschwindigkeit erfordert nicht nur neue Triebwerke, sondern auch neue, sehr energiereiche Treibstoffe. Die heutigen Kohlenwasserstofftreibstoffe, Derivate des Petroleums, erzeugen nicht genügend Energie pro Kilogramm Treibstoff für die gierige Staustrahldüse. Man nimmt im allgemeinen an, daß die Verwendung von flüssigem Wasserstoff die Lösung sei. Einige der Flugkörper, die für die Raumfahrtforschung mit Raketen gestartet wurden, arbeiten bereits damit. Beim Raketentriebwerk wird flüssiger Wasserstoff mit einem Oxydationsmittel vermischt, wie z. B. flüssigem Sauerstoff, und dann verbrannt. Bei einer Staustrahldüse dient der schnelle Luftstrom als Oxydationsmittel. Abgesehen von seiner hohen Energie pro Kilogramm – fast dreimal so groß wie der herkömmliche Düsentreibstoff –, bietet Wasserstoff noch einen Vorteil durch seine kühlenden Eigenschaften. In flüssiger Form wird er mit

bläsegetriebenen Windkanälen. In den Kasten war eine Apparatur eingebaut, die Tragflächenprofile von verschiedener Form in dem Luftstrom hielt und durch ein empfindliches Gewichtssystem den Auftrieb und den Widerstand maß. Ähnlich gingen die Gebrüder Wright bei ihren Vorarbeiten an das Problem heran.

einer Temperatur von –268° C aufgenommen und dient als Kühlmittel für das Triebwerk, bevor er in Form von Gas verbraucht wird.

Schwierigkeiten bei Hyperschallgeschwindigkeiten

Wie es so oft der Fall ist, bedeutet aber ein Vorteil auf einem Gebiet einen Nachteil auf einem anderen. Flüssiger Wasserstoff hat eine sehr geringe Dichte, ungefähr ein Zehntel des Düsentreibstoffs, und braucht deshalb den zehnfachen Raum für das gleiche Treibstoffgewicht. Das bedeutet, daß bei der Konstruktion eines Flugzeugs für Hyperschallgeschwindigkeit ein enorm großer Treibstofftank vorgesehen werden muß. Dadurch erschwert sich die Aufgabe der Aerodynamiker, denn sie müssen sich mit diesem großen Volumen abfinden, während sie auf der anderen Seite versuchen, den starken Widerstand bei Hyperschallgeschwindigkeiten zu verringern.

Die Werkstofforscher beschäftigt ein anderes Problem, das sich aus den ansteigenden Temperaturen an den äußeren Flächen ergibt (bis 1370° C im Bereich über Mach 5). Neue Werkstoffe werden benötigt, und die Werkstoffteams untersuchen Metalle, wie Columbium und Tantal, die ihre Festigkeit bis 1650° C behalten, außerdem Molybdän, das noch höheren Temperaturen widersteht. Auch wird die Technik des Beschichtens getestet, wie z. B. Silikate, die eine Schutzhaut gegen Oxydation bilden – denn bei Hyperschallgeschwindigkeiten würde das Metall im wahrsten Sinne des Wortes verdampfen. Eines Tages mag es ein mit Iridium beschichtetes Flugzeug geben, denn Iridium, dem Platin sehr ähnlich und ebenfalls sehr teuer, verbindet sich nicht mit Sauerstoff. Eine mögliche Schutz-Methode ist das «Ersetzen» solcher Teile wie der Flügelvorderkanten, die den größten Temperaturen ausgesetzt sind. Die Metalle können an diesen Stellen die hohen Temperaturen nur für einige Flüge überdauern, aber man kann diese Teile ersetzen, wenn eine Untersuchung Zeichen der Metallverschlechterung offenbart.

Festigkeit, Leichtigkeit und Hitzewiderstandsfähigkeit sind die drei wichtigen Faktoren für Überschallflugzeugwerkstoffe. Das Stück Wabenaluminium, das hier gezeigt wird, verbindet alle drei Faktoren. Eine Wabenschicht zwischen zwei dünnen Platten in Sandwich-Bauweise eingeschlossen, wiegt nur etwa ein Fünftel eines massiven Metallstücks.

Dies sind Beispiele für die Forschung, die mit dem grundlegenden Problem einer Konstruktion für Hyperschallgeschwindigkeiten verbunden sind, ein Problem, das folgendermaßen anschaulich gemacht werden kann: man versucht eine Superthermosflasche herzustellen, die eine Flüssigkeit in einem glühend heißen Kesselraum kalt hält. An Stelle der Flüssigkeit muß jedoch eine Flugzeugkonstruktion Menschen, empfindliche Fluginstrumente und andere Innenausrüstungen schützen. Der mit flüssigem Wasserstoff gefüllte Tank muß vor Hitze bewahrt werden, die eine Verdampfung zur Folge hätte. Der verdampfte Wasserstoff könnte einen Druck an den Wänden des Tanks entwickeln und ihn platzen lassen.

Vielversprechend scheint die Hochtemperatur-Schalenbauweise. Es handelt sich um zwei verschiedene Schalen, die innere aus einem herkömmlichen Material, wie Aluminium, hergestellt und mit einer faserigen Isolierung bedeckt, und die äußere aus einer Speziallegierung, die mit einem wirksamen Oxydationsschutz sorgfältig beschichtet wurde. Zwischen beiden Schalen bleibt ein Raum, in dem Kohlendioxidgas zirkuliert. Die Hochtemperatur-Schalenbauweise verhindert, daß Luft in die innere Schale gelangt, wo sie durch Berührung mit den Wasserstofftanks verflüssigen und frieren könnte und das Flugzeug schwerer machen würde. Außerdem bildet das Kohlendioxid unter dem Einfluß von Kälte eine feste Masse, die Reibungswärme absorbiert.

Das Hyperschallflugzeug ist weit von der Funktionsforschung entfernt, aber viele seiner Einzelheiten werden bei Flugversuchen in einem neuen X-15-Programm untersucht. Die augenblickliche X-15, die bis zu Mach 6 fliegen kann, hat eigentlich die Versuchsaufträge für den Überschallflug erfüllt. Eines der drei Flugzeuge wurde so abgeändert, daß es zwischen Mach 6 und Mach 8 fliegen kann. Die erste Veränderung waren zwei außen montierte Tanks, die zusätzlichen Treibstoff für das Raketentriebwerk enthielten. Die normalen inneren Tanks enthalten Treibstoff und Oxydationsmittel für nur 85 Flug-Sekunden mit voller Triebwerksleistung. Die neuen Tanks werden für Geschwindigkeiten bis Mach 2 gebraucht und danach abgeworfen. Der übrige Treibstoff in den inneren Tanks erlaubt dann eine Beschleunigung bis Mach 8 für eine Gesamtflugdauer von ungefähr 145 Sekunden. Wissenschaftler studieren jetzt die Möglichkeit, ein noch schnelleres Versuchsflugzeug zu bauen, das für eine längere Flugdauer bei Mach 8 geeignet ist und Geschwindigkeiten bis Mach 12 erreichen kann. Die Kosten und Konstruktionsprobleme sind enorm, aber es wird sicherlich gebaut werden, denn der Mensch muß noch viel über den Flug bei Hyperschallgeschwindigkeiten in der Atmosphäre lernen.

Betonung der Senkrechten

Aber auch das andere Ende der Geschwindigkeitsskala ist von gleichem Interesse: Das VTOL, der Senkrechtstarter (Vertical Take-Off and Landing Plane = senkrecht startendes und landendes Flugzeug). VTOL vereinigt die senkrechten Auftriebseigenschaften eines Hubschraubers mit Reisegeschwindigkeiten, die vielleicht in den Überschallbereich hineinreichen. Solche Flugzeuge haben einen großen Anwendungsbereich bei militärischen Manövern. Die Möglichkeiten reichen vom Kurzstrecken-Truppen- und -Lastentransport in einer Kampfzone bis zu Abfangmanövern und Bombardierung durch schnelle VTOLs, die von kleinen Feldern aus operieren können. Mit ihrer Fähigkeit, von kleinen Plätzen in der Stadtmitte zu starten, bieten sie aber auch große Vorteile für den zivilen Flugverkehr.

Die Entwicklung völlig neuer Typen, wie der Flugzeuge für Hyperschallgeschwindigkeiten oder der VTOLs, zeigt einen blendenden und dramatischen Aspekt der Flugforschung, der oft marktschreierisch angepriesen wird, dagegen werden gleich wichtige, aber weniger aufregende Arbeiten auf anderen Gebieten von der Öffentlichkeit leicht übersehen. Ein wesentliches Projekt, das heute die Aufmerksamkeit eigentlich jedes Zweiges der Forschungsorganisationen auf sich lenkt, ist nicht die Entwicklung irgendeines Flugzeugs, sondern das Problem des Allwetterflugs.

Für die Flugzeugkonstrukteure war die Verbindung hoher Geschwindigkeiten mit kurzen Start- und Landebahnen ein dauerndes Problem. Je schneller ein Flugzeug fliegt, desto schneller muß es starten und landen — und desto länger müssen die Bahnen sein. Vor zwanzig Jahren waren noch 1500 Meter lange Landebahnen sogar auf den größten Flughäfen die Regel; die heutigen großen Düsenflugzeuge brauchen aus Sicherheitsgründen 3000 Meter Landebahn.

Einer der ersten Versuche einer solchen Kombination war das Autogiro, das 1923 erfunden wurde. Dieses Flugzeug war eine Kreuzung zwischen Flugzeug und Hubschrauber und konnte nach weniger als 30 Metern abheben, doch lag seine Höchstgeschwindigkeit unter 130 Stundenkilometern. Der erste brauchbare Hubschrauber erschien im Jahre 1942.

Vor etwa 10 Jahren begannen die Konstrukteure, einen neuen Typ zu entwerfen — den Senkrechtstarter. Das Dutzend Entwürfe, das getestet wurde, sieht Triebwerke vor, deren Schub in zwei Richtungen gelenkt werden kann: nach oben für den Start und die Landung, nach vorn für den Flug. Flugzeuge dieser Art können die Flughäfen von den Stadträndern in die Stadtzentren verlagern und den Kleinstadtflughäfen so einen schnellen Flugdienst liefern.

Mit den vier Propellern, die in den Himmel zeigen, zieht sich die hier abgebildete XC-142 A fast senkrecht nach oben. Einige Augenblicke später sieht sie einem Flugzeug ähnlicher und rast mit mehr als 640 Stundenkilometern davon. Die XC-142 A kann eine Nutzlast von etwa vier Tonnen tragen.

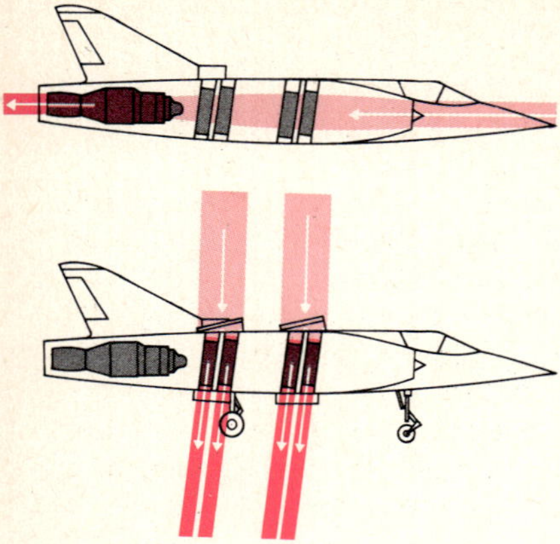

VTOL-Flugzeugen – die Buchstaben bedeuten Vertikal TakeOff und Landing (Senkrecht-Start und -Landung) – soll eine große militärische und zivile Bedeutung zukommen. Die französische Mirage III-V, wie sie hier gezeigt wird, wird durch vier kleine Düsenstrahltriebwerke in jeder Seite des Rumpfes senkrecht hochgehoben. Ein größeres Triebwerk (hinten) liefert den Vortrieb.

Alle öffentlichen und privaten Entwicklungsteams sind laufend mit sehr vielen Einzelprojekten auf diesem Gebiet beschäftigt. Eines davon ist die «Mikrovision», eine verkleinerte Wiedergabe der Landebahnbefeuerung, die einen großen Schritt vorwärts bedeutet. Die Mikrovision wurde in den Vereinigten Staaten entwickelt. Sie soll Landungen mit normaler Piloten-

steuerung selbst bei völlig verdeckter Sicht — Zero-Zero — ermöglichen. Wenn Wolken oder Nebel die Sicht des Piloten hindern, dann wird durch dieses System ein wirklichkeitsgetreues Bild der Landebahn reproduziert. An den Rändern der Landebahn sind eine Reihe elektronischer Funkfeuer installiert, die Mikrowellensignale an einen Empfänger in dem Flugzeug senden, der wiederum die Signale in einer Kathodenstrahlröhre umkehrt. Auf der Bildfläche dieses Rohres erscheinen die Signale als helle Lichtpunkte, die die Außenlinie der Landebahn darstellen, die der Pilot sonst nicht sehen könnte. Ein großer Vorteil der Mikrovision ist, daß die Kathodenstrahlröhre vor dem Piloten angebracht ist, denn er muß ja während der Landung seine vielen anderen Instrumente kontrollieren. Das Bild wird durch die vordere Cockpitscheibe gespiegelt und befindet sich so in Augenhöhe des Piloten. In der gleichen Weise werden auch Daten anderer wichtiger Landeinstrumente gezeigt, wie z. B. die Geschwindigkeit, Längs- und Querneigung.

Eingekapselte Sitze

Die Mikrovision ist ein Beispiel für angewandte Forschung auf einem Gebiet von allgemeinem Interesse, sowohl für die Militär- als auch die

*Aus ähnlichen Überlegungen wie denen, die zu Hubschrauber und Senkrechtstarter führten, entwickelte 1937 der deutsche Flugzeugkonstrukteur Gerhard Fieseler (*1896) das erste erfolgreiche Langsamflugzeug der Welt, den «Fieseler Storch» (Fi 156). Ganz auf gute Auftriebseigenschaften der Tragflächen und auf Manövrierfähigkeit ausgerichtet, benötigte der Fieseler Storch nur wenige Meter Start- und Landebahn. Bei Rettungsaufgaben konnte er, geschickt im Wind gehalten, nahezu bewegungslos über seinem Ziel schweben.*

Der Delta-Flügel des F-106 Delta Dart der amerikanischen Luftwaffe verbindet die Vorteile des Pfeilens mit denen einer dünnen Tragfläche und ist in seiner Struktur fester und auch einfacher zu bauen. Er macht auch ein herkömmliches Leitwerk unnötig. Der Dart hielt einst den Geschwindigkeitsweltrekord von Mach 2,3 oder 2450 Stundenkilometer, doch wie die anderen Deltaflügler büßte er viel von seiner Manövrierfähigkeit bei niedrigen Geschwindigkeiten ein.

Zivilluftfahrt, die durch Koordination ihrer Leistungen bedeutende Vorteile haben. Auf anderen Gebieten kann jedoch ein Laboratorium an seinen Aufgaben allein arbeiten, besonders wenn spezifische Anforderungen gestellt werden. Eines dieser Projekte ist, dem Piloten aus einem beschädigten Militärflugzeug zu helfen, ein Problem, das die Konstrukteure von Zivilflugzeugen nicht betrifft.

In den Tagen, als die Flugzeuge niedrig und langsam flogen, konnte ein Pilot einfach aus dem Flugzeug aussteigen und an einem Fallschirm zur Erde hinuntergleiten. Als die Düsenflugzeuge eingeführt wurden, war diese Rettungsmethode nicht mehr möglich. Wenn ein Pilot bei 800 bis 1000 km/h «abspringen» wollte, würde er an das Leitwerk des Flugzeugs geschleudert. Die Forscher entwickelten deshalb den Schleudersitz, der eine Sprengladung enthält und von dem Flugzeug weggeschossen wird, bevor sich der Fallschirm öffnet. Für die ersten Überschallflüge von Mach 1 bis 1,5 benötigte man etwas Besseres, denn der enorme Windstoß konnte den Körper ernsthaft verletzen. Die Lösung war der eingekapselte Sitz, bei dem muschelförmige Türen oben und unten im Cockpit vor dem Ausschleudern in die richtige Lage gleiten und den Piloten völlig abdecken, wenn er aus dem Flugzeug geschossen wird.

Da schon Mach-3-Flugzeuge im Dienst sind und sich Hyperschallflugzeuge am Horizont abzeichnen, ergibt sich das neue Problem des enormen Temperaturanstiegs durch die aerodynamische Hitzeentwicklung, die den Piloten in seiner Schutzmuschel lebend rösten würde. Um diesem Problem zu begegnen, hat man das «trennbare» Flugzeug entwickelt, bei dem das ganze Cockpitteil von dem Rest der Flugzelle getrennt wird. Bei einem neuen amerikanischen Kampfflugzeug, der F-111, treibt eine Rakete das hitzegeschützte Cockpit und den vorderen Teil der Flügel weiter – es entsteht ein neuer Miniaturgleiter. Die Flügelstummel liefern die Stabilität während des Abschusses, und der Druck in dem Cockpit wird durch ein unabhängiges Notsystem aufrechterhalten. Ohne Antrieb verlangsamt sich dann der abgetrennte Teil allmählich, und wenn er 560 km/h erreicht hat, entfaltet sich automatisch ein riesiger Fallschirm. Der Pilot bleibt in seinem Cockpit, bis er auf dem Boden landet.

Sicheres Landen trotz Regen

Die heutige Forschung kann aufgeteilt werden in Untersuchungen von Gegenwarts- und Zukunftsprojekten. Die Gegenwartsforschung oder die Untersuchung von ganz spezifischen Problemen, auf die man bei Flugzeugen, die schon im Dienst sind, stößt, wird am besten durch das Problem und die Lösung des Wassergleitens veranschaulicht. Die Piloten von Verkehrsmaschinen hatten oft Schwierigkeiten, wenn sie bei schwerem Regen landeten. Ihre Flugzeuge schienen auf den nassen Landebahnen zu schwimmen, und die Landestrecken wurden dadurch viel länger als normalerweise. Der Einsatz des Umkehrschubs, der normale Bremsvorgang auf der Landebahn, ließ die Maschine manchmal schleudern.

Die NASA besitzt Versuchseinrichtungen für dieses Forschungsgebiet. Es ist eine 670 Meter lange, mit Mauern umgebene Bahn, die mit Wasser, Eis oder Schnee bedeckt werden oder als normale Landebahn dienen kann. Ein großes Versuchslaufwerk wird von einem Wasserstrom unter hohem Druck angetrieben und rollt die Bahn mit Geschwindigkeiten bis zu 200 km/h entlang, einem landenden Flugzeug entsprechend. In der Mitte des Laufwerks befindet sich das mehrrädrige Hauptfahrwerk eines Flugzeugs, das gesenkt und gehoben werden kann. Für die Wassergleitforschung bedeckten die Ingenieure die Laufbahn ungefähr zwei Zentimeter hoch mit Wasser und fotografierten das Verhalten der Räder, als sie auf die nasse Oberfläche aufsetzten. Man sah, daß die Räder wie bei Wasserflugzeugen über das Wasser gleiten wollten und so lange nicht auf dem Beton griffen, bis das Laufwerk wesentlich verlangsamt wurde. Die Wissenschaftler schlugen eine einfache Lösung vor: kleine Luftdüsen an jedem Landegestell anzubringen. Druckluft von den Triebwerken wird umgelenkt und in diese Raddüsen eingeleitet und dann nach unten vor die Räder geblasen. Der Luftstrom würde das Wasser teilen und es ermöglichen, daß die Räder auf dem Beton fassen.

Probleme wachsender Dimensionen

Doch nicht nur gegenwärtige Schwierigkeiten beschäftigen die Flugforscher. Man überlegt heute schon, welche Probleme in Zukunft auftauchen könnten.

Mit einem platten Reifen kann ein Autofahrer nicht viel anfangen, für den Entwurf eines überschweren Lufttransporters hat ein «Platten» jedoch entscheidende Bedeutung. Man denkt heute schon an Flugzeuge, deren Landegewicht zuweilen 300 Tonnen überschreiten kann, so daß die Landegeschwindigkeit bei «normalem» Fahrwerk verheerende Folgen hätte.

Die gebräuchliche Methode, den Stoß des Aufpralls zu verringern, war bisher, den «Fußabdruck» zu vergrößern, das heißt, die Gummifläche, die mit der Landebahn in Berührung kommt. Bei den ersten Verkehrsflugzeugen genügte ein Einradfahrwerk, als aber die Flugzeuge größer und größer wurden, führten die Konstrukteure die Mehrradmethode ein. Ein typisches Verkehrsflugzeug von heute hat zwei Radgestelle mit je vier Reifen und ein zweirädriges Bugfahrwerk. Aber für den weitaus größeren Aufprall, den kommende Luftriesen auffangen müssen, wäre selbst ein zehnrädriges Fahrwerk nicht ausreichend. So wurde eine Konstruktion vorgeschlagen, bei der an einem Fahrwerk mit sechs separaten Achsgruppen je vier Räder aufgehängt sind. Dazu kommt noch ein vierrädriges Bugfahrwerk. Diese Anordnung würde den Landestoß auf 28 Reifen von anderthalb

Die radikale stromlinienförmige Gestalt der X-3, die konstruiert wurde, um den Widerstand bei Überschallgeschwindigkeiten zu verringern, schuf unvorhergesehene Probleme der Stabilität. Wie diese Mehrfachbelichtung demonstriert, entwickelte das Flugzeug gefährliche Giertendenzen bei einem Rollmanöver. Es beginnt mit einem Rollen aus dem horizontalen Flug (grün), das Modell schert erst zur einen Seite aus (blau, gelb), dann schwingt es in die andere Richtung (rosa).

Metern Durchmesser verteilen. Hieraus ergibt sich ein neues Problem: wo bringt man die Räder unter, wenn sie eingezogen sind? In der verhältnismäßig dünnen und für hohe Geschwindigkeiten gebauten Tragfläche ist kein Platz. Nicht einmal in dem großen Rumpf wäre genügend Raum, um so ein riesiges Volumen unterzubringen. Eine Möglichkeit, Platz zu schaffen, wäre, eine «Ausbuchtung» für die Räder anzubauen, eine Erweiterung des Rumpfes im Bereich des Fahrgestells. Das aber erhöht den Widerstand, der Nutzlast und Reichweite verringert.

Platte Reifen an Bord

Auf der Suche nach Möglichkeiten, dies zu vermeiden, erwogen die Ingenieure eine neue Idee: die Luft aus den Reifen abzulassen. Sie müßten dann

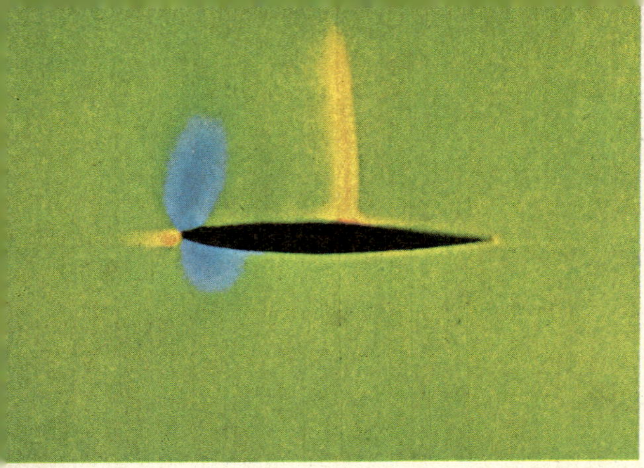

Diese Schlierenfotografien zeigen ein Tragflächenprofil bei einem Versuch im Windkanal. Die Luft zeigt sich grün, Gebiete mit Unterdruck sind blau, und hoher Druck zeigt sich rot. Obwohl der allgemeine Luftstrom noch Unterschallgeschwindigkeit, ungefähr Mach 0,7 hat, hat die Luftströmung über der Mitte der Tragfläche Mach 1 erreicht, und es beginnt sich eine senkrechte Druckwelle auszubilden.

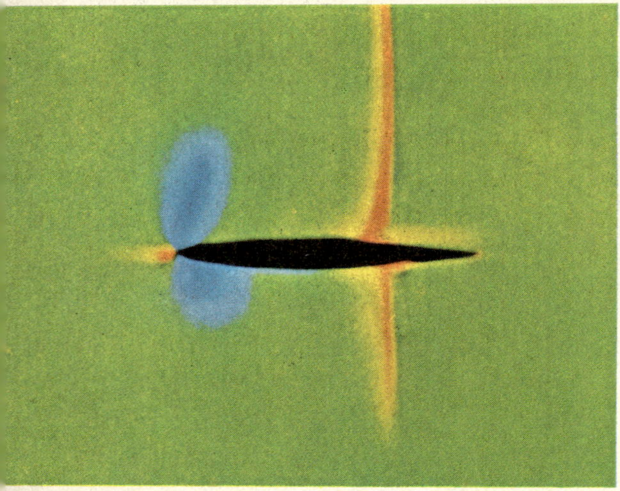

Bei steigender Geschwindigkeit erreicht die Luft unter der Tragfläche ebenfalls Mach 1, und es bildet sich dort eine Druckwelle aus. Inzwischen wird die Welle über der Tragfläche größer und stärker. Die Turbulenz in dem Nachlauf dieser oberen Welle wirkt auf den Luftstrom über der hinteren Tragfläche: sie würde die Steuerungsfähigkeit stark beeinträchtigen. Ein Hochdruckgebiet bildet sich auch an der Flügelvorderkante aus.

Mach 1 wurde erreicht und überschritten, und mit erstaunlicher Plötzlichkeit verwurzelte sich eine zweite Druckwelle an der Vorderkante. Beide Wellen werden so lange an der Tragfläche bleiben, wie der Luftstrom Überschallgeschwindigkeit beibehält. Diese Wellen, die etwas von der Bewegung durch die Luft geschwächt werden, kommen schließlich zur Erde und sind als der allgemein bekannte Überschallknall zu hören.

nur für den Start, die Landung und das Anrollen aufgeblasen werden. Aber warum sollten sie nicht während des Flugs platt sein, da sie dann ja keine nützliche Funktion haben? Man baute also Testmodelle mit Reifen, die ihre eigenen Ventilöffner und Preßluftflaschen hatten, die an die Radnabe montiert waren und ein schnelles Ablassen und Wiederauffüllen nach Bedarf erlaubten. Das System arbeitet automatisch. Wenn der Pilot das Fahrgestell nach dem Start einzieht, öffnet sich das Ventil und läßt die Luft aus den Reifen. Die Seitenwände senken sich dann zum Mittelpunkt des Reifens, und der Mantel legt sich um die Felge. Der Raddurchmesser wird so um etwa ein Drittel verringert, was die Unterbringung in den herkömmlichen Radkästen während des Flugs ermöglicht. Wenn der Pilot das Fahrwerk für die Landung ausfährt, pumpt die Luftflasche den Reifen automatisch auf.

Tragbare Flugplätze

Ein anderes Grundsatzproblem beschäftigt sich mit dem Senkrechtstarter, der in der Lage sein muß, von unvorbereiteten Plätzen aus in Kampfgebieten zu operieren. Der gewaltige, nach unten gerichtete Luftstrom kann Staubwolken aufwirbeln, die nicht nur die Sicht des Piloten beeinträchtigen, sondern auch die Position des Flugzeugs dem Feind verraten. Noch wichtiger, es wirbelt Steine und Erdklumpen hoch, die in die Triebwerkseinläufe geraten und dadurch einen Triebwerksausfall verursachen könnten.

Als eine Lösung des Problems haben die Forscher den «Schnell-Landeplatz» entwickelt, eine schnell härtende Plastikflüssigkeit, die mit Fasern von Fiberglas vermischt ist, um die Festigkeit zu erhöhen. Plastik und Fiberglas werden getrennt auf einen normalen, schmutzigen Boden gesprüht, die Mischung erstarrt in ungefähr 15 Minuten und schafft dadurch eine Oberfläche, die dem Düsenstrahl widersteht. Es werden noch weitere Bodenhärter untersucht, wie z. B. Firnis, Silikone und Zement, ebenso noch neue Methoden, «Schnell-Landeplätze» in unzugänglichen Kampfgebieten zu schaffen. Eine solche Technik wäre, das Material in flüssiger Form in einer großen Gummidecke mitzutragen, die unter den Rumpf eines Senkrechtstarters gehängt wird. Kurz bevor man sie fallen läßt, würde man der Mischung einen Katalysator hinzufügen, der den Härteprozeß auslöst. Möglich wäre auch, den Platz von einem besonders ausgerüsteten Senkrechtstarter oder Hubschrauber aus zu besprühen.

Ein donnernder Luftverkehr

Ein schon länger bekanntes Problem ist nun aktuell geworden — und ist immer noch ungelöst —, der Überschallknall, eine äußerst unangenehme Erscheinung beim Überschallflug. Militärflugzeuge, von denen einige sogar

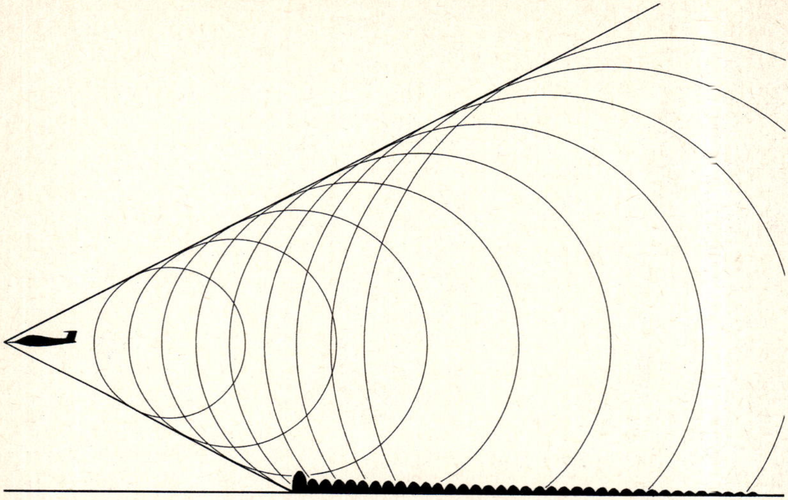

Wenn demnächst Verkehrsflugzeuge mit Überschallgeschwindigkeit dahinrasen, denn werden wir das erleben, was hier schematisch dargestellt ist: Am Bug des Flugzeugs entsteht in jedem Moment ein Knall. Der Schall breitet sich nach allen Seiten gleichmäßig, das heißt kugelförmig (im Aufriß kreisförmig) aus. Da aber die Maschine schneller als Mach 1 ist, überholt sie ihren eigenen Lärm und zieht einen Schallkegel hinter sich her, dessen Mantel auf einer Seite über den Boden schleift. Ein Beobachter hört nach dem ersten Knall (höchster Wellenberg) ein allmählich schwächer werdendes Rauschen. So entsteht das, was man «Lärmteppich» oder «Knallschleppe» nennt. Die überschallschnellen Maschinen werden die Wohngebiete in großen Höhen überfliegen müssen, um den Lärm in Grenzen zu halten.

bis Mach 3 fliegen, verursachen laufend einen derartigen Knall. Aber die meisten dieser Flugzeuge fliegen nur eine kurze Zeit während ihres Einsatzes mit Überschallgeschwindigkeit, doch kann das Problem kritisch werden, wenn sich die Flotte der Überschallverkehrsflugzeuge von morgen donnernd über die ganze Welt ausbreitet und einen ungeheuren Lärmteppich hinter sich herzieht.

Da die Wirkung des Überschallknalls von der Höhe und Flugzeugkonstruktion abhängig ist, kann man sich diesem Problem auf zwei Wegen nähern. Von den ersten SSTs wird man fordern, daß sie bis 12 000 Meter Höhe mit Unterschallgeschwindigkeit fliegen, ein Kompromiß, der den Knall auf ein erträgliches Maß beschränken soll. Dies brächte aber für die SSTs einen großen Nachteil mit sich, da sie ihren größten Wirkungsgrad haben, wenn sie in viel geringeren Höhen auf Überschallgeschwindigkeit beschleunigen. Ingenieure wissen, daß die Druckwelle, die den Knall erzeugt, nicht auszuschalten ist, doch zeigten theoretische Untersuchungen und Flugversuche von Militärflugzeugen, daß es möglich sein könnte, ihre

Eigenschaften so zu verändern, daß der Donnerschlag gedämpft wird. Bestimmte Konstruktionsveränderungen können möglicherweise den Knall von einem plötzlichen Donnerschlag in ein erträgliches, schwaches Rumpeln abändern. Bis vor kurzem waren die Forscher nicht in der Lage, mehr über die lärmerzeugenden Eigenschaften der Druckwellen zu erfahren, denn es fehlte das passende Versuchsflugzeug. Jetzt steht zum erstenmal ein Flugzeug zur Verfügung, das in Größe und Geschwindigkeit mit einem Überschallverkehrsflugzeug vergleichbar ist – der Bomber XB-70 der US-Luftwaffe. NASA und Luftwaffe arbeiten zusammen an einem Flugversuchsprogramm der XB-70 zur Erforschung des Überschallknalls, und es ist zu hoffen, daß sich eine wirksame Methode gegen dieses ärgerliche Nebenprodukt des schnellen Fluges auftut.

Ein weiteres Forschungsprojekt wird durch die Verfügbarkeit eines geeigneten Versuchsflugzeugs angetrieben, die Untersuchung der HI-CAT oder High Altitude Clear Air Turbulence (Klarluftturbulenz in großen Höhen). Diese Luftturbulenz wird im oberen Teil der Atmosphäre durch das natürliche Aufheizen der Luft verursacht und auch durch «Windreibung», plötzliche Wechsel der Windgeschwindigkeit in verschiedenen Höhen. Diese Bedingungen erzeugen Gebiete mit äußerst turbulenter Luft, die den Passagieren eines Überschallflugzeugs einen sehr holprigen Flug bereiten würden, und möglicherweise könnten sie auch Schäden am Flugzeug selbst verursachen. Da sie im wolkenlosen Himmel entstehen, bemerkt der Pilot gewöhnlich eine HI-CAT erst, wenn er schon drinsteckt.

Das Flugzeug, das für die Erforschung der HI-CAT von dem Air Force System Command ausgesucht wurde, ist die für große Höhen geeignete U-2, berühmt durch ihre Rolle als «Himmelsspion» über Rußland. Die U-2 soll eine Reihe von Forschungsflügen über 17 000 Meter zu verschiedenen bekannten Gebieten in der ganzen Welt unternehmen und die Turbulenzdaten aufzeichnen, die aus starken, atmosphärischen Bewegungen resultieren und, wie man glaubt, 160 km lang und 1000 Meter tief sind. Aus den Ergebnissen dieser Flüge hofft die Air Force, ein System entwickeln zu können, mit dem man das Auftreten von Klarluftturbulenz vorherbestimmen kann, und besondere Informationen zu erhalten, die Konstruktionsingenieure für die Bestimmung der notwendigen Festigkeit eines Flugzeugs brauchen.

8

Pläne und Hoffnungen

Sir George Cayley sah das moderne Flugzeug fast ein Jahrhundert vor Kitty Hawk so: « . . . wir werden uns und unsere Familien sicherer durch die Luft als über das Wasser transportieren können, mit einer Geschwindigkeit von 30 bis 160 Kilometern in der Stunde.»

Heute ist es schwer, ein Flugzeug zu finden, das nicht die von Sir George prophezeiten Grenzen überschreiten kann. Die Leistungen des Menschen

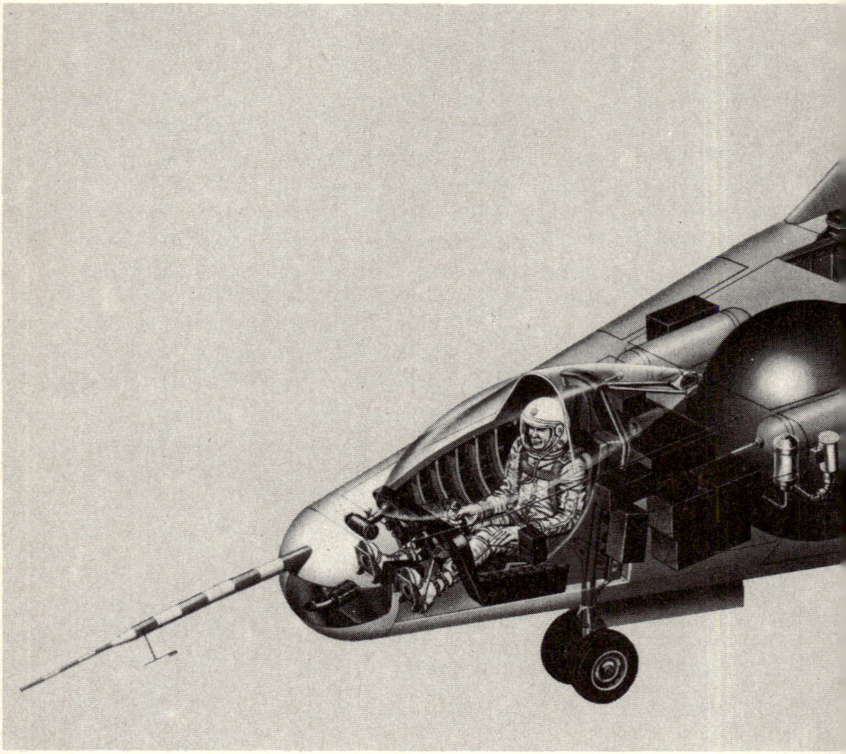

auf dem Gebiet des atmosphärischen Flugs werden nur von seinen Zukunftsplänen überboten, und es scheint keinen Typ einer Flugmaschine zu geben, der vom Standpunkt der Wissenschaft und Technologie absolut unmöglich genannt werden kann. Den technologischen Möglichkeiten gelten tatsächlich nicht mehr die größten Überlegungen bei der Entwicklung eines Flugzeugs. Man hält sogar so fortschrittliche Konzeptionen für möglich wie das Hyperschallverkehrsflugzeug und den Flugkörper, der von der Erde in eine Umlaufbahn überwechselt, wobei sich noch große Probleme abzeichnen. Das größte Hindernis, das der Verwirklichung dieser Projekte entgegensteht, ist die ungeheure Forschungsarbeit, die noch geleistet werden muß und die mit den Entwicklungs- und Produktionskosten Milliarden von DM beanspruchen wird. Nicht allein der Wunsch nach solchen Flugzeugen, sondern der effektive Bedarf, hervorgerufen durch militärische und kommerzielle Anforderungen, können den enormen Aufwand an Anstrengungen und Kosten der Forschung rechtfertigen.

So sieht ein Entwurf für einen Raumgleiter der Zukunft aus. Solche Maschinen sollen mit Hyperschallgeschwindigkeit in Satellitenbahnen einschwenken können und, nachdem sie ihre Fracht an Raumstationen abgegeben haben, wieder in die Erdatmosphäre zurückkehren, wo sie, vom Widerstand gebremst, zu normaler Landung ansetzen können. Mit ihnen will man eine Art Pendelverkehr zwischen Erde und Raumstationen einrichten, da Raketen nicht mehrmals verwendet werden können.

In drei Stunden über den Atlantik

Es ist möglich, vorherzusagen, welche neuen Flugzeugtypen in den siebziger Jahren in Betrieb genommen werden. Diese Flugzeuge haben bereits das Entwicklungsstadium erreicht, was bedeutet, daß die meisten der grundlegenden Probleme schon gelöst worden sind. Einer der neuen Typen ist das Überschallverkehrsflugzeug oder SST (*supersonic transport*), das bis Mach 3 fliegen kann. Es wird noch einige Zeit dauern, bevor das amerikanische SST in ihrer endgültigen Form festgelegt sein wird, sie wird jedoch der Grundkonzeption ähneln, die auch von den ‹Concorde›-Konstrukteuren entwickelt wurde. Wie die ‹Concorde›, die schon in Flugversuchen getestet wurde, hat auch der amerikanische Entwurf wenig Ähnlichkeit mit den Unterschall-Düsenflugzeugen, die heute fliegen. Die schnellere, aber noch nicht so weit entwickelte amerikanische SST-Version wird ein sehr großes Flugzeug sein mit einem geschätzten Bruttogewicht von fast zweihundert Tonnen, ungefähr dreißig Prozent schwerer als das größte der heutigen Langstrecken-Düsenverkehrsflugzeuge. Sie hat einen langen, schlanken Rumpf mit einem spitz zulaufenden Bug und einem geschoßförmigen Heck. Der Rumpf ist ganze 76 m lang, und die Kabine kann bis zu 250 Passagiere aufnehmen.

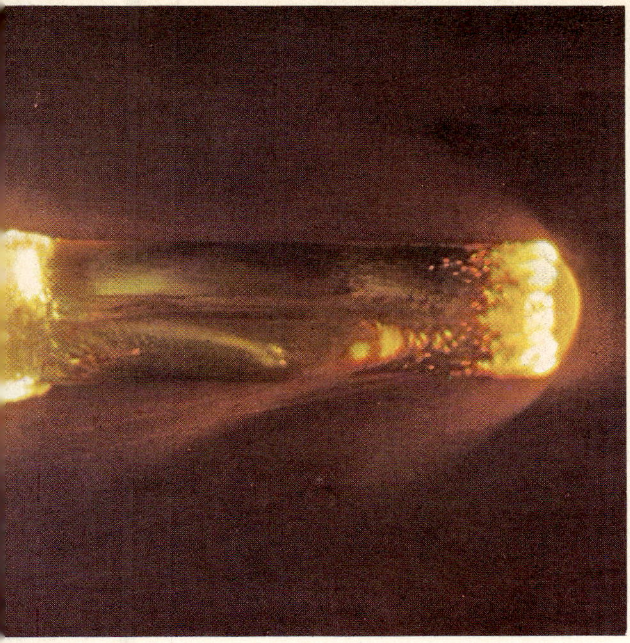

Der Versuch für Hitzewiderstandsfähigkeit simuliert die Reibungsprobleme bei einem Flug über Mach 5. Ein Modell aus rostfreiem Stahl wird einem Strahl einer Raketendüse von 1600° C ausgesetzt: das Modell beginnt zu glühen, und schließlich schmelzen Nase und Tragflächen weg. Während des Flugs würden nur einzelne Teile des Flugzeugs dieser Beanspruchung unterworfen, dennoch setzt man bei Tests die ganze Maschine der vollen Belastung aus Sicherheitsgründen aus.

Vier riesige Triebwerke, von denen jedes fast 18 000 Kilopond Schub entwickelt, liegen unter der pfeilspitzenförmigen Tragfläche, deren Flügelvorderkante stark, bis zu einem Winkel von 74°, gepfeilt ist und nach hinten fast bis zum Ende des Rumpfes reicht. Es gibt kein Leitwerk im herkömmlichen Sinn. Die Tragfläche selbst wirkt als Horizontal-Stabilisator, und die senkrechten Stabilisatoren ragen aus den Flügelspitzen hervor. Die Flügel der SST haben die enorme Fläche von 745 m^2, fast das Dreifache der heutigen Verkehrsflugzeuge, denn sie müssen die Stabilität auch bei niedrigen Geschwindigkeiten halten. Wenn sich herausstellen sollte, daß die SST bessere Leistungen bei niedrigen Geschwindigkeiten benötigt, vielleicht aus Gründen der Verkehrskontrolle während des Anflugs der Flughäfen, können die Pfeilspitzenflügel so konstruiert werden, daß sich ihre Pfeilung während des Fluges verändern läßt.

Ein Verkehrsflugzeug dieses Typs reist mit der doppelten bis dreifachen Geschwindigkeit eines heutigen Düsenflugzeuges, dabei sind flugsicherungsbedingte Wartezeiten und Zwischenlandungen berücksichtigt sowie An- und Abflug mit Unterschallgeschwindigkeit. Das SST wird in 19 bis 23 km Höhe fliegen und mit ihren Passagieren in weniger als drei Stunden über den Atlantik rasen, mit einer Reisegeschwindigkeit von mehr als 48 km in

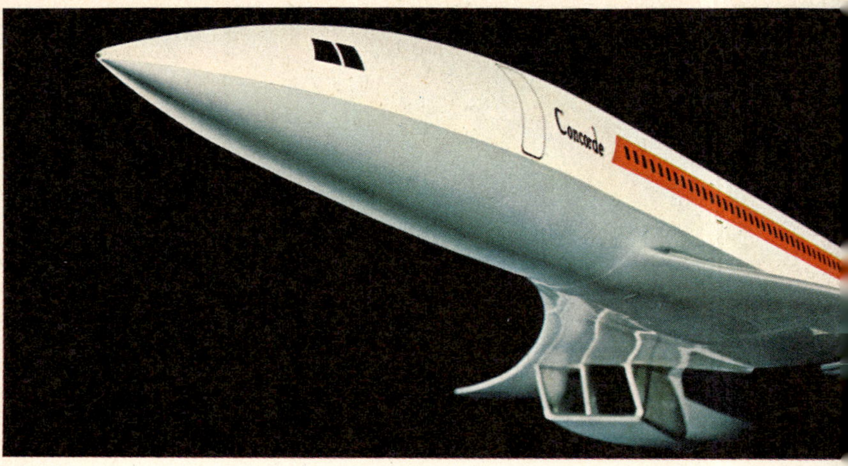

der Minute. Die Temperatur des Metalls außen wird durch die aerodynamische Hitzeentwicklung auf 316° C steigen, aber es ist nicht zu erwarten, daß die Temperaturregelung innen ein schwieriges Problem sein wird.

Höhenstrahlung

Für die Wissenschaftler ist eine mögliche Bestrahlung der Passagiere und der Besatzung im SST mit kosmischen Strahlen von größerer Bedeutung. Auf der Erde wird der Mensch nachhaltig vor den die Zellen zerstörenden, kosmischen Strahlen geschützt, und zwar durch die Atmosphäre, die den Planeten einhüllt. In einer Höhe von 20 000 Metern ist er jedoch in einer dem «Weltall ähnlichen Umgebung». Die dünne Atmosphäre oberhalb des SST bietet weniger Schutz vor der Strahlung. Voruntersuchungen zeigen jedoch, daß die Bestrahlung kein Problem ist, und auch bei Sonnenausbrüchen — Sonnenstürmen —, bei denen die obere Atmosphäre mit sehr energiereichen Protonen bombardiert wird, wodurch normalerweise bei zu langer Strahlungseinwirkung ernste Zellschäden verursacht werden können, ist ein Schutz durchaus nicht problematisch. Forschungsuntersuchungen stellen fest, daß die gesamte kosmische Bestrahlung eines SST bei Maximalhöhe ungefähr die gleiche ist wie bei einem Unterschallflugzeug in einer Höhe von 11 000 Metern, denn der Passagier eines SST wird für einen weitaus kürzeren Zeitraum in der dem Weltraum ähnlichen Region bleiben. Eines der Projekte des Weltraumprogramms wird sein, eine Vorhersage für Sonnenstürme möglich zu machen, um sie meiden zu können, wenn sich die Gefahr als zu groß erweist. Dies läßt die interessante Mutmaßung zu, daß

Die ‹Concorde› war die erste SST-Konstruktion, von der ein Modell in natürlicher Größe gebaut wurde. Die englischen und französischen Firmen, die sie bauen, hoffen, sie 1971 in Betrieb nehmen zu können. Die ‹Concorde› wird ein Mach 2,2-Flugzeug für 136 Passagiere sein. Mehrere Überschall-Probeflüge hat sie bereits zur allgemeinen Zufriedenheit überstanden.

das SST, das über dem atmosphärischen Wetter fliegt, von einem völlig neuen Problem betroffen wird, dem des Sonnenwetters. Das könnte ein Flugverbot zur Folge haben, oder das Flugzeug müßte niedriger fliegen und dadurch enormen Zeitverlust und einen geringeren Wirkungsgrad des Fluges in Kauf nehmen.

Unter idealen Bedingungen sind die Betriebskosten des SST in bezug auf Ausgaben pro Passagierkilometer vielleicht gleich oder sogar geringer als bei den Unterschalldüsenflugzeugen. Aber am Anfang müssen die SST-Passagiere damit rechnen, daß sie einen erhöhten Fahrpreis zahlen. Geschäftsreisenden, die die meisten Plätze des SST belegen werden, mag es das Geld wert sein. Ein Geschäftsreisender wird um neun Uhr Ortszeit in Hamburg starten können, die Sonne überholen und um sechs Uhr Ortszeit, also relativ drei Stunden vor Abflug, in New York landen.

Gegenwärtig werden von England und Frankreich gemeinsame Anstrengungen unternommen, das erste, betriebsbereite SST für das Jahr 1971 herzustellen, die ‹Concorde›. Sie soll bei einer Reisegeschwindigkeit von Mach 2,2 136 Passagiere befördern. Sie wird von der British Aircraft Corporation und der Sud Aviation in Frankreich entwickelt. Die ‹Concorde› hat einen ungewöhnlichen Deltaflügel, der zierlich geschwungen ist, fast über die ganze Länge des Flugzeugs von 59 Metern. Unter den Tragflächen befinden sich vier Olympus-Triebwerke, die 16 000 kp Schub erzeugen können. Die Leistungsfähigkeit der ‹Concorde› ist durch ihre geringe Ladefähigkeit und die Geschwindigkeitsbegrenzung auf Grund der Aluminiumkonstruktion beschränkt, die keine höheren Temperaturen verträgt. Würde die ‹Concorde› aus einem dauerhafteren und teureren Metall

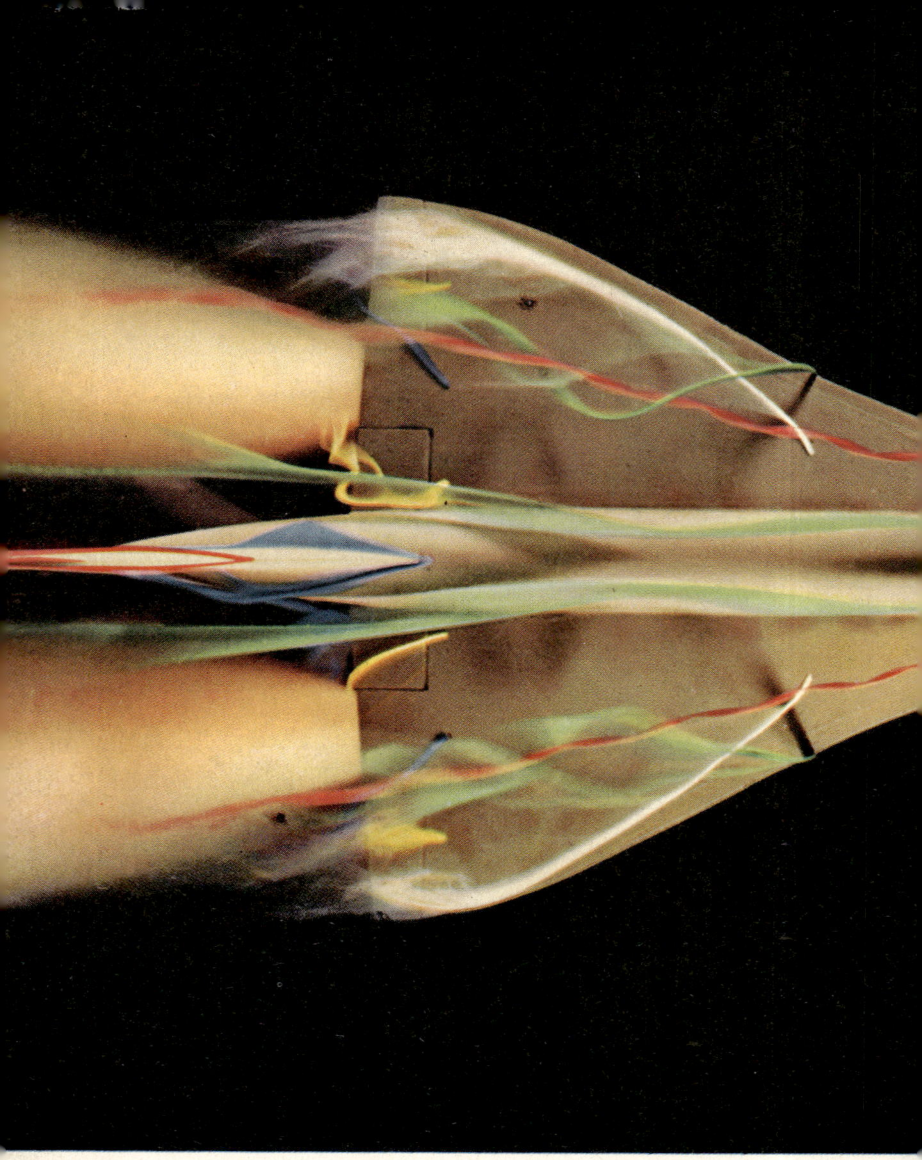

Lange glaubte man, es sei unmöglich, schneller als der Schall zu fliegen. Doch stellte sich heraus, daß weniger die Geschwindigkeit problematisch ist, als das völlig andere Flugverhalten einer Maschine, die Mach 1 überschreitet. Die vertrauten Gesetze der Aerodynamik scheinen plötzlich hinfällig zu werden. Um einen Weg durch diese «Schallmauer» zu finden, mußten sich die Konstrukteure eingehend mit der Physik des Schalls beschäftigen. Neue Formen, neue Werkstoffe, neue technische Details waren die Folge.

So unterscheidet sich schon das Äußere der französisch-englischen ‹Concorde› von herkömmlichen Verkehrsmaschinen. Hier sieht man ein maßstabgetreues Modell beim Wasserkanalversuch, der Daten über die Strömungseigenschaften liefern soll. Die geschlängelten Strömungslinien werden durch Farbzusätze verdeutlicht. Die ‹Concorde› ist das erste, erfolgreich erprobte, westliche Überschallverkehrsflugzeug, 1971 soll es der Planung nach in Dienst gestellt werden.

Hier startet die ‹Concorde› zu ihrem 28minütigen Jungfernflug in Toulouse in Frankreich. Die englisch-französische Koproduktion war erfolgreich: Als erstes im Westen gebautes Verkehrsflugzeug durchbricht die ‹Concorde› die Schallmauer. Das Flugzeug ist für Ge-

schwindigkeiten um Mach 2,2 (etwa 2400 Stundenkilometer) eingerichtet, wiegt rund hundert Tonnen, ist 59 Meter lang und wird 136 Passagiere befördern. Größere und schnellere Typen werden bald folgen.

gebaut, wie z. B. dem Titan, stiege der Preis weit über die erwarteten 56 Millionen DM pro Flugzeug.

Ein erfolgreiches SST wird die heutigen Unterschallflugzeuge vermehren und nicht ablösen, denn sie werden noch weit verbessert, sowohl ihre Geschwindigkeit als auch der gesamte Wirkungsgrad. In den siebziger Jahren werden die Unterschalldüsenflugzeuge die durch Propeller getriebenen Maschinen bald ganz verdrängt haben.

Ein amerikanischer Flugexperte beschrieb das Bild des zivilen Luftverkehrs von morgen mit folgenden Worten:

«Die zivile Verkehrsfliegerei wird aus den gewonnenen Erfahrungen ihre Konsequenzen ziehen müssen. In zehn oder zwanzig Jahren werden auf einem großen Passagiermarkt die Preise für Flugreisen mit Unterschallgeschwindigkeit niedrig liegen. Der Geschäftsmann wird die schnelleren Überschallflugzeuge benutzen, da bei ihm die Zeit den Preis bestimmt. Dagegen werden die Unterschallflugzeuge den Touristen einen schnellen und brauchbaren Dienst bieten, zu Preisen, die nur noch ein Drittel oder die Hälfte der heutigen Kosten betragen. Bevölkerungs- und Industriezentren werden sich in Gebieten bilden, die durch den Lufttransport bequem zu erreichen sind ... Der Flughafen der Zukunft kann zu einem Transportknotenpunkt werden, der einen schnellen und wirksamen Verkehr von Gütern und Menschen ermöglichen wird ... So wie unsere früheren und heutigen großen Städte die Hauptseehäfen, Binnenhäfen, Eisenbahn- und Straßenknotenpunkte waren und noch sind, so werden die künftigen Generationen die großen Städte als Hauptlufthäfen kennen.» Angesichts der neuen riesigen Transporter-Versionen scheint diese Perspektive gerechtfertigt.

«Dehnen» der Entwürfe

Die Langstreckenrouten werden von einer neuen Generation der Unterschallverkehrsflugzeuge beflogen werden, die viel größer als die heutigen sein werden. Die Hersteller haben schon begonnen, die alten Entwürfe der augenblicklichen Düsenverkehrsflugzeuge zu «dehnen», um ihre Ladekapazität zu erhöhen. Zum Beispiel hat die Douglas DC-8 einen neuen großen Bruder in dem Modell 61 bekommen. Durch eine Verlängerung des Rumpfes um 11 Meter hat man die Platzzahl der Passagiere von 189 auf 251 erhöht, und die Kosten eines Platzkilometers sind genügend verringert worden, um niedrige Flugpreise zu rechtfertigen. Boeing arbeitet an einer Version des Düsenverkehrsflugzeugs 707 mit der Typenbezeichnung 707-820, das um 12 Meter verlängert wird und schätzungsweise 275 Passagiere tragen kann.

Aber die «Dehn»-Modelle werden schwächlich aussehen neben den völlig neuen und logischerweise schweren Transportflugzeugen, die für militärische Zwecke entwickelt werden. «Schwer» ist in diesem Fall eine grobe

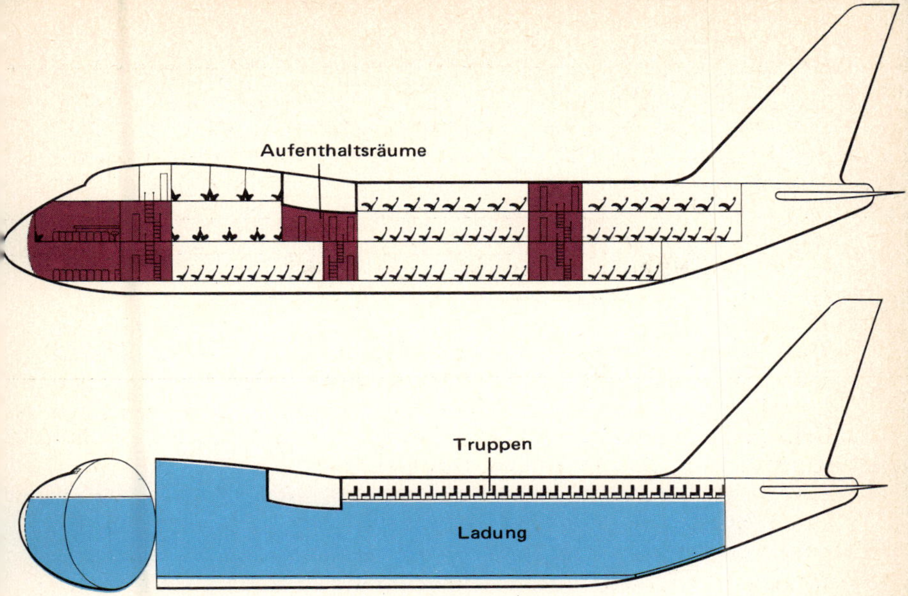

Ein Mammutlastentransporter ist die C-5. Sie kann 120 000 Kilogramm Nutzlast im 15 000-Kilometer-Nonstopflug transportieren. Diese Kapazität ist dreimal so groß wie die gegenwärtiger Lastenflugzeuge. Die Version für den Ziviltransport hätte für 616 Passagiere in drei Stockwerken Platz. Ihre ungeheure Größe könnte ohne weiteres die Fracht- und Passagenpreise auf die Hälfte verringern.

Untertreibung. Die C-5, eine Version dieses Luftmonsters, ist bei weitem das schwerste Flugzeug, das je ersonnen wurde. Es hat einen über 60 Meter langen Rumpf und Flügel von einer Spannweite um 76 Meter; darauf verteilt sich ein Gewicht von 318 Tonnen.

Großes Flugzeug, kleines Heer

Die C-5 wird schon in naher Zukunft in den Dienst gestellt. Es wird zum erstenmal möglich sein, ganze Raketen, große Hubschrauber und sogar 50 Tonnen schwere Panzer durch die Luft zu befördern. Bei Geschwindigkeiten um 850 Stundenkilometer wird die C-5 ungefähr 50 Tonnen etwa 10 000 Kilometer weit im Nonstopflug transportieren können oder sogar 120 Tonnen über Entfernungen bis zu 4600 Kilometer. Das Flugzeug ist auch als Truppentransporter geeignet und kann mehr als 500 Soldaten mit ihrer gesamten Ausrüstung aufnehmen.

Dieses Ungetüm kann ferner leicht für den zivilen Luftverkehr umgebaut werden, obwohl die Reaktion darauf bei den Verantwortlichen der Verkehrsgesellschaften verschieden ist. Die Befürworter streichen heraus, daß die Aufnahmefähigkeit für so viele Passagiere bei den stark beflogenen Routen einträglich sein könnte, denn ein großer Prozentsatz der Plätze würde hier belegt werden. Tausend Passagiere könnten in eine «Viehwagen»-Klasse für Transatlantikflüge gestopft werden für einen Flugpreis von ungefähr 400 DM. Auch bei einer Kombination von erster Klasse und Touristenklasse, wie es in den heutigen Verkehrsflugzeugen der Fall ist, könnte das Flugzeug 500 bis 700 Passagiere aufnehmen für Preise, die weit unter den heutigen Sätzen liegen.

Opponenten schrecken bei dem Gedanken an die Schwierigkeiten zurück, wie man z. B. mit dem termingerechten Anmelden und dem Anbordgehen so vieler Passagiere bei einem einzigen Flug fertig werden soll. «Können Sie sich vorstellen», fragt einer der Geschäftsführer, «daß 700 Menschen in einer Reihe warten, um ihr Gepäck aufzugeben?» Die Abfertigung der Passagiere erfordert offensichtlich ein langes Studium und einige neue Techniken. Aber diese Probleme sind bedeutungslos, wenn man sie mit den Vorteilen des billigen Massentransports vergleicht, und sie existieren überhaupt nicht, wenn man die Möglichkeiten dieses Superflugzeugs als Frachttransporter betrachtet. Die Luftfrachtspediteure berechnen die Preise nach der Ladekapazität des Flugzeugs, und mit jedem Preisrückgang wird das Geschäft größer. Die Handelsversion der C-5 als Frachter würde die Auslieferung auf dem Luftweg für die Schwerindustrie interessant machen, die nie davon geträumt hat, Artikel wie Autos, Turbinen und Möbel durch die Luft zu verschiffen, denn die C-5 hat fast die dreifache Ladekapazität des größten Luftfrachters, der uns heute zur Verfügung steht.

Die Unterschalldüsenflugzeuge dringen langsam auch in ein anderes Gebiet ein, wo man bis vor kurzem glaubte, daß das wirtschaftlichere Propellerflugzeug die Alleinherrschaft habe – die Kurz- und Mittelstreckenflüge, Sprünge von 400 bis 2400 Kilometern. Konstruktionsverfeinerungen und der immer größer werdende Wirkungsgrad des Strahlturbinenantriebs erlauben Konstruktionen von «kleinen» Düsenflugzeugen – klein nur im relativen Sinn, denn sie können bis zu hundert Passagiere tragen – wie die neue Boeing 737 und die Douglas DC-9. Diese bieten dem Reisenden schnelle Flüge, auch für solche kurzen Routen wie die 365-km-Strecke von Paris nach London, und sie geben den Flugverkehrsunternehmern damit einen noch größeren Wettbewerbsvorsprung gegenüber den Transportmitteln auf der Erde.

Im Stadium des Verkehrsflugs steht schon das STOL, ein Kurz-Start- und Landeflugzeug (Short TakeOff and Landing plane), das dadurch einen Wettbewerbsvorteil gegenüber den kleinen Düsenmaschinen für die Mittelstrecken hat, daß es mit kurzen Landestrecken auskommen kann, die näher an den Städten liegen als die großen Flughäfen. Aerodynamisch fortschrittliche Flügelkonstruktionen, die ungewöhnlich große Auftriebseigenschaften liefern, zusammen mit der Anwendung von Triebwerken mit einem hohen

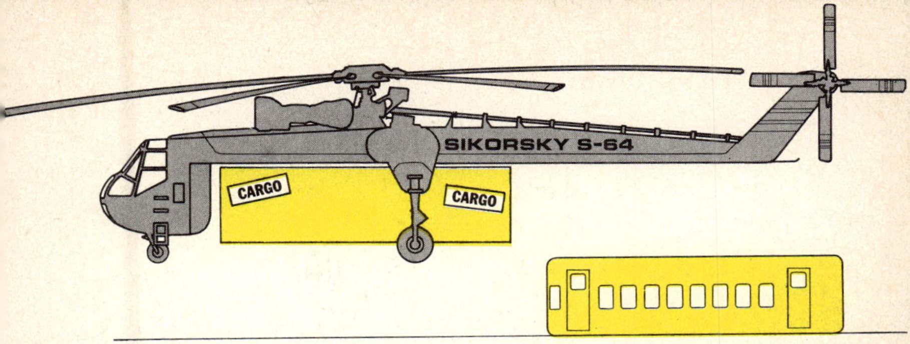

Ein anpassungsfähiger Lastenträger ist der Versuchs-Sikorsky S-64, der als Beispiel für einen der vielen beweglichen und schnellen Hubschrauber dasteht, die den Lufttransport von morgen praktischer gestalten werden. Der S-64 kann eine Box mit Ladung oder eine Passagierkabine tragen. Er hat auch schon einen Waggon mit 90 Soldaten transportiert.

Verhältnis von Schub zu Gewicht ermöglichen es dem STOL, nach 150 Metern schon 15 Meter Höhe oder mehr zu erreichen. Die STOL können viel mehr Nutzlast bei höheren Geschwindigkeiten transportieren als irgendeiner der Hubschrauber, die augenblicklich in Betrieb sind, und sie werden sich schon in den nächsten Jahren auf verhältnismäßig kurzen und viel beflogenen Routen bewähren.

Pendelverkehr mit Senkrechtstartern

In den siebziger Jahren wird das lang erwartete Kurzstrecken- und Mittelgeschwindigkeits-Lufttransportsystem verwirklicht werden, das die Verkehrsflugzeuge in das Zentrum jeder größeren Stadt bringen wird. Der Schlüssel zu diesem System ist ein Flugzeug, das wie ein Hubschrauber senkrecht starten und landen kann, gleiche oder bessere Fluggeschwindigkeiten als die der Propellerflugzeuge aufweist und eine Nutzlast von 100 oder mehr Passagieren tragen kann. Die augenblickliche Senkrechtstart-Forschung verspricht, ein Flugzeug herzustellen, das auf einem kleinen Flughafen benutzt werden kann, der die Ausmaße eines großen Häuserblocks hat und in unmittelbarer Nähe des Hauptgeschäftsviertels liegt. Es könnte einen schnellen, pendelartigen Verkehr zwischen den Städten ermöglichen. Man könnte also in Frankfurt leben und in Düsseldorf arbeiten, 200 km entfernt, da die Reisezeit zwischen den Zentren der beiden Städte kaum mehr als eine halbe Stunde betrüge. Heute dauert eine solche Reise fast zwei Stunden, wenn man Luft- und Erdverkehrsmittel miteinander kombiniert.

Nach einer Studie, die für ein großes Luftverkehrsunternehmen der USA gefertigt wurde, wird der Senkrechtstarter von morgen einem kleinen

Durch Schubablenkung kann die englische P-1127 steigen und sogar rückwärts treiben. Der Strahl des Zweikreistriebwerks wird statt durch ein einziges Rohr am Ende durch zwei Düsen, die auf jeder Seite des Rumpfes sitzen, geleitet. Eine einzige Steuerung im Cockpit kann die Düsen innerhalb von nur einer Sekunde um 100° drehen, so daß der Übergang vom Aufsteigen zum Geradeausflug ohne Schwierigkeiten zu leisten ist.

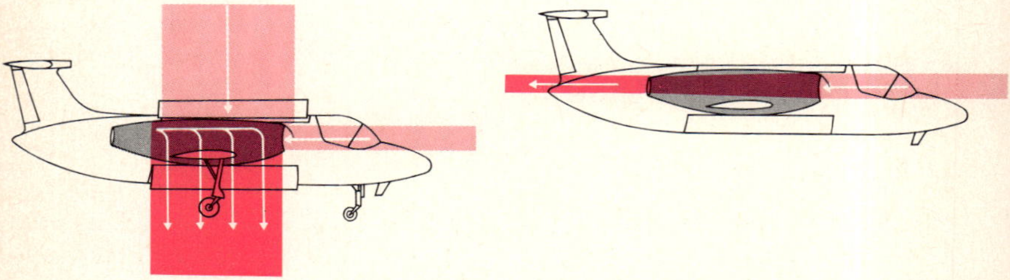

Eine Mischkammer im Rumpf der Lockheed XV-4 A Hummingbird wirkt wie eine Düsenstrahlpumpe. Der Strahl von zwei stationären Düsenstrahltriebwerken wird nach unten gelenkt und saugt Luft durch Öffnungen oben im Flugzeug ein, die durch Ausgangsöffnungen unten wieder ausgestoßen wird. Für den horizontalen Flug wird der Strahl nach hinten gerichtet, um Vortrieb zu erhalten.

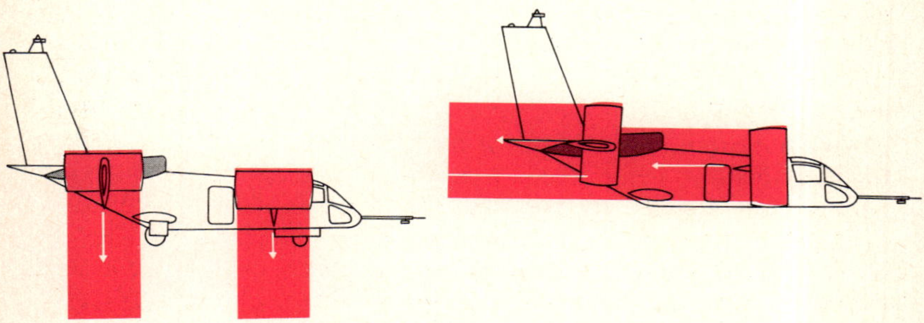

Ummantelte Propeller treiben einen Senkrechtstarter der USA an, der noch in der Entwicklung steht, die Bell X-22 A. Die Ummantelung, die den Schub während des Senkrechtstarts vergrößert, dient gleichzeitig als Tragfläche beim Vorwärtsflug. Da die Mantelpropeller eine größere Nutzlast pro PS liefern, kann diese Konstruktion für Transportflugzeuge verwendet werden.

Düsenflugzeug ähneln, mit einem herkömmlichen Rumpf, Tragfläche und Leitwerk. Der Flugantrieb wird von Düsenaggregaten geliefert, die von außen anmontiert sind, und der senkrechte Auftrieb könnte von einer Reihe kleiner Hubtriebwerke erzeugt werden. Diese Triebwerke hätten zusammen eine Schubkraft, die größer ist als das Bruttogewicht des Flugzeugs, und würden so einen senkrechten Start ermöglichen. Wenn sich das Flugzeug erst einmal in der Luft befindet, könnte es Reisegeschwindigkeiten von 600 bis 800 Stundenkilometern erreichen.

Es wird noch kleinere Versionen für den Kurzstreckendienst geben, sie können 30 bis 50 Passagiere tragen und würden zwischen den Hauptflughäfen und den Stadtzentren pendeln und könnten den Arbeitsverkehr zu den weiter entfernten Vororten übernehmen. Diese Luftbusse bieten einen Dienst mit Unterschalldüsenflugzeugen für die kürzesten Strecken in der Verkehrsluftfahrt. Das Programm des Senkrechtstart-Transports wird von einem verbesserten Hubschrauber vervollständigt, der über bessere Schwebeeigenschaften verfügt, die sich als nützlich für Kurzstrecken-Lastentransporte erweisen könnten.

Ein Flugzeug in jeder Garage

In dem Bild des zukünftigen Flugwesens ist das kleine Privatflugzeug nicht zu vergessen, das in den kommenden Jahren radikalen Veränderungen unterworfen werden könnte. Das heutige Privatflugzeug sieht immer noch so aus und fliegt noch ganz so wie sein Vorgänger aus den dreißiger Jahren. Der Traum von dem «Flugzeug für jedermann», dem billigen und leicht zu fliegenden Automobil der Luft, ist noch nicht verwirklicht worden. Das Fliegen eines Flugzeugs erfordert immer noch viel Geschicklichkeit und ein großes Anpassungsvermögen, und das kleinste Flugzeug ist immer noch beträchtlich teurer als ein Luxusauto. Aber das «Flugzeug in jeder Garage» könnte Wirklichkeit werden.

Solches Leichtflugzeug der Zukunft hätte keine Ähnlichkeit mit irgendeiner fliegenden Maschine von heute. Das Kernstück dieser neuen Konstruktionsmethode ist das Steuerungssystem, das trotz vieler Verbesserungen und Verfeinerungen im Grunde genommen heute noch das gleiche ist wie zu der Zeit, als Blériot über den Ärmelkanal flog. Die herkömmlichen Flugzeuge haben immer noch die «Beschleunigungssteuerung»: wenn der Pilot das Flugzeug in irgendeine Richtung bewegt, dauert diese Bewegung an, bis er sie mit einer Gegenbewegung korrigiert. Will ein Pilot eine 10°-Kurve fliegen, bewegt er seinen Steuerknüppel kurzzeitig zur Seite, um einen Ausschlag der Querruder zu bewirken, und das Flugzeug dreht in die gewünschte Richtung. Es dreht so lange, bis der Pilot mit einer Gegensteuerung die Drehung beendet und das Flugzeug geraderichtet, kurz bevor eine 10°-Kursänderung erreicht worden ist.

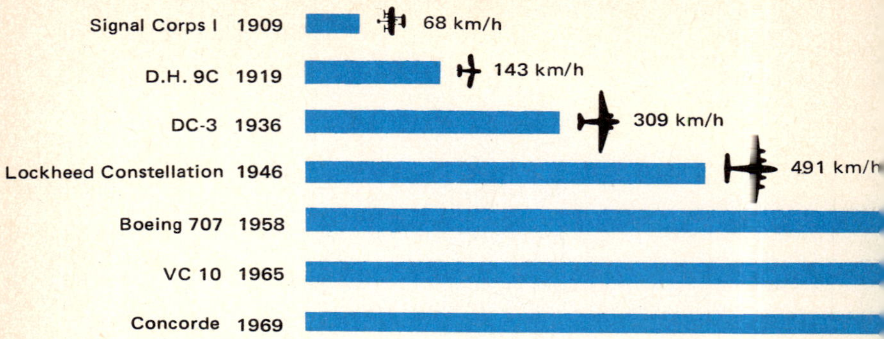

Dieses Stabdiagramm zeigt das dramatische Wachstum der Flugleistungen pro Stunde. Der Ein-Mann-Doppeldecker der Wrights erreichte maximal 68 Kilometer pro Stunde; knapp

Das «Verschiebungs-Steuerungssystem», das jetzt in begrenztem Maße bei Militärflugzeugen angewandt wird, erleichtert das Manövrieren sehr. Bei der Verschiebungs-Steuerung stellt der Pilot gewöhnlich seinen Steuerknüppel auf angezeigte 10°, und das Flugzeug wird genau um diese 10° drehen und in dieser Position bleiben, bis der Pilot eine weitere Steuerungsbewegung auslöst. Ein verhältnismäßig einfaches Elektronensystem könnte diese Steuerungsart für das Leichtflugzeug nutzbar machen und es zugleich automatisch stabilisieren, was den Konstrukteur von dem traditionellen langen Rumpf mit der Seiten- und Höhenflosse am Leitwerk befreite.

Das zukünftige Leichtflugzeug könnte fingernagelförmig sein. Flügel, Rumpf, Maschine und Steuerung in einer kompakten Form zusammengefügt, die sich für die Massenproduktion eignen würde, vielleicht unter Verwendung von neuzeitlichen Kunststoffen. Das Flugzeug würde durch Turbinen angetrieben und könnte ein System für die Schublenkung besitzen, für kurze Startmanöver und sogar für «Oberflächen»-Reisen, nur einige Zentimeter über dem Boden schwebend. Es könnte von kleinen Flugfeldern aus operieren, von Startbahnen und, wie man sich vorstellen kann, auch von Autobahnen. Wenn es in die Massenproduktion ginge, brauchte das leicht zu fliegende Flugzeug von morgen nicht mehr als ein teures Auto zu kosten.

Die Forschung für das Leichtflugzeug ist in einem sehr frühen Stadium, nicht weil es irgendwelche unlösbaren Probleme stellt, sondern weil seine Entwicklung von einer sehr breiten Nachfrage abhängig ist, die noch nicht vorhanden ist. Man glaubt, daß diese Nachfrage entstehen wird, und mit der Weiterentwicklung des Trends «fort von den Städten», wenn die Häuser, Büros und Betriebe über hundert und mehr Kilometer aus den Stadtzentren herauswachsen, wird der Typ des «fliegenden Autos» seinen Absatzmarkt finden.

70 Jahre später legen Flugzeuge wie die 136sitzige ‹Concorde› in der gleichen Zeit bereits rund 2400 Kilometer zurück.

In einer Stunde über den Atlantik

Wenn man über den Horizont der siebziger Jahre in das Jahrzehnt der achtziger Jahre sieht, erscheinen einige phantastische Möglichkeiten. Eine davon ist der Hyperschall-Langstreckenflug. Wird das hohe Niveau der Forschungsleistungen beibehalten, kann dieses Flugzeug in ungefähr 15 Jahren entwickelt werden. Hier spielt wieder die Nachfrage die größte Rolle im Hinblick auf die enormen Geldausgaben, die für die Entwicklung eines Verkehrsflugzeugs für Mach 6 bis 8 erforderlich sind, das den Atlantik in einer Stunde überqueren kann. Die Fragen, die von den Verkehrsgesellschaften positiv beantwortet werden müssen, sind: Muß oder will der Mensch wirklich so schnell fliegen? Berechtigt die Zeitersparnis die hohen Ausgaben? Dies sind keine neuen Fragen, sie werden heute in bezug auf das Überschallverkehrsflugzeug gestellt, und sie wurden vor 15 Jahren gestellt, als man die ersten Unterschalldüsenflugzeuge konzipierte. Sie können heute von keiner Autorität beantwortet werden, aber es gibt viele, die glauben, daß der Bedarf an höheren Flugzeuggeschwindigkeiten andauern wird. Ein Verwaltungsmitglied der NASA hat kürzlich gesagt: «Der prinzipielle Vorteil eines Flugzeugs gegenüber den Transportmitteln auf der Erde ist die größere Geschwindigkeit. Wenn der Transport schneller ausgeführt werden kann, wird er rationeller und möglicherweise auch billiger ... Theoretisch ist die mögliche Leistungsfähigkeit des Hyperschallverkehrsflugzeugs wünschenswert, denn es bietet eine Reichweite über die halbe Erde und einen Flugwirkungsgrad, der höher ist als der des Unterschalldüsenflugzeugs oder des geplanten Überschallverkehrsflugzeugs.»

Sollte sich die Nachfrage nach dem Hyperschallverkehrsflugzeug steigern, dann hat man allen Grund zu glauben, daß die Wissenschaft und Technologie es ermöglichen werden. Die Grundlage ist schon gelegt worden, nicht nur für das Hyperschallverkehrsflugzeug, sondern auch für völlig revolutionäre Flugzeuge, deren Entwürfe vorher nur in utopischen Romanen existierten.

Die militärischen Planer sehen weiter in die Zukunft und befürworten die Entwicklung des weiterentwickelten, bemannten, strategischen Flugzeugs, eines Überschallflugzeugs mit großer Reichweite, das als fliegende Raketenabschußbasis dienen soll, und ebenso die des verbesserten, bemannten Abfangjägers als Verteidigung gegen Überschallbomber und vielleicht sogar Interkontinentalraketen.

Um die Kluft zwischen Atmosphärenflug und dem Flug auf einer Erdumlaufbahn zu überbrücken, ziehen die Forscher ein «Weltraum»-Flugzeug in Betracht, das von der Erde starten kann, bei Mach 25 in eine Satellitenbahn fliegt und mit eigener Kraft und Steuerung zurückkehrt. Das Weltraumflugzeug stellt eine ungeheure Herausforderung dar, denn es beansprucht Jahre konzentrierter Forschung und einen beunruhigenden Kostenaufwand von zig Milliarden DM.

Trotzdem glauben die meisten Experten, daß man es bauen kann und wird, obwohl man noch nicht die zivile Anwendung eines solchen Flugzeugs voraussehen kann. Seine zukünftige Aufgabe kann die Verteidigung gegen feindliche Satelliten sein, oder es mag als unschätzbares Werkzeug für noch weiter fortschreitende flugtechnische Forschungen dienen.

Da die Wissenschaft keine absolute Grenze für jede Art von Flug innerhalb der Atmosphäre kennt, scheint es nur eine Frage der Zeit zu sein, bis diese oder noch extreme Konstruktionen wirklich starten.

Aus der Fliegersprache

In jeder Gruppe, sei es im Büro, unter Studenten, bei Sportlern, bildet sich mit der Zeit ein eigener Jargon, um sich einfacher zu verständigen und um sich gegen andere Gruppen abzuheben. Die Flieger bilden da keine Ausnahme. Ein Teil ihres Wortschatzes rekrutiert sich aus technischen Ausdrücken in englischer Sprache, die Geräte, Situationen und Manöver bezeichnen. Andere Ausdrücke spiegeln die schon angesprochene Tendenz, eine Sprache zu erfinden, die Eingeweihte und Fremde trennt. Dabei verrät sich der Laie meist nicht so sehr durchs Vokabular, denn manchen Ausdruck hat er vielleicht schon aufgeschnappt, sondern vor allem durch unpassende Anwendung der Fachvokabeln. Hier einige dieser Vokabeln:

Aushungern Das Flugzeug wird nur durch Vergrößern des Anstellwinkels gehalten, wird dabei fast überzogen, wie es bei der Landung geschieht

Außenlandung Notlandung außerhalb eines Flugplatzes

Aussteigen Verlassen eines defekten Flugzeugs mit Fallschirm

Bauchlandung Landung ohne Fahrwerk

Black out Kurzzeitige Blindheit eines Piloten, auf den eine mehrfache Erdanziehungskraft (4–6 g) wirkt, wenn er seine Maschine in eine Steilkurve zieht oder aus dem Horizontalflug hochzieht

Chopper Hubschrauber

Durchstarten Landeanflug unterbrechen und wieder aufsteigen

Clearance Flugfreigabe, das Flugzeug darf zur Startbahn rollen

Faßrolle Akrobatisches Manöver, bei dem sich ein Flugzeug um seine Längsachse dreht und gleichzeitig eine spiralförmige Flugbahn beschreibt

Five by five Radioempfang ist laut und störungsfrei (Die Lautstärke und die Stärke der Störungen werden auf Skalen eingestellt, die von 1–5 eingeteilt sind)

Flame out Die Zündung in der Brennkammer ist unterbrochen, was einen Ausfall des Düsentriebwerks zur Folge hat

Flying the beam Fliegen auf einem Peilstrahl entlang, der besonders zur Luftnavigation gesendet wird

Forced landing Notlandung

Franzen Navigieren nach der Karte

Hugo Autopilot

Im Dreck hängen	Im schlechten Wetter fliegen
Knüppel	Steuerknüppel
Kurbeln	Stark herummanövrieren
Latten	Propellerblätter
Mayday	Das SOS der Luftfahrt
Mühle	Flugzeug
Notwasserung	Notlandung auf See
Pattern	Platzrunde
Power-off landing	Landung eines Flugzeugs ohne Maschinenkraft
Prop (oder Jet) Wash	Luftstrahl hinter den Triebwerken
Ringelpietz	Berührung des Bodens mit einer Tragfläche beim Aufsetzen, so daß die Maschine dreht – die Gefahr besteht besonders bei Hochdeckern mit Spornrad
Roger	«Jawohl» oder «Ja»; insbesondere «Nachricht erhalten»
Schnauze	Bug oder Nase des Flugzeugs
Segelstellung	Den Anstellwinkel der Propellerblätter, deren Motorkraft ausgefallen ist, so verändern, daß sie den geringsten Luftwiderstand bieten
Stacked	Flugzeuge kreisen beim Flughafen im Warteraum bis zur Landeerlaubnis
Thermal Thicket	Hitzegrenze bei Hyperschall-Geschwindigkeiten
Touchdown	Der Moment, in dem das Flugzeug den Boden berührt oder aufsetzt
Tower	Kontrollturm
Trudeln	Unkontrollierter, spiralenförmiger Sturz nach dem Überziehen
Zero-Zero	Keine Sicht

Literaturhinweise

Allgemeines

Der Flug der Tiere. Hrsg. von HERTA SCHMIDT. Dr. Waldemar Kramer Verlag, Frankfurt am Main 1960.

GERATHEWOHL, S. J.: Die Psychologie des Menschen im Flugzeug. Johann Ambrosius Barth, Verlagsbuchhandlung, München 1954.

POLITT, W.: Der Flug, Richard Carl Schmidt & Co., Braunschweig 1962.

Geschichte

BERGIUS, C. C.: Die Straße der Piloten. Die abenteuerliche Geschichte der Luftfahrt. 5. Aufl., C. Bertelsmann Verlag, Gütersloh 1962.

BERGIUS, C. C.: Die Straße der Piloten im Bild. C. Bertelsmann Verlag, Gütersloh 1967.

CANBY, C.: Geschichte der Luftfahrt. (In Wort und Bild 1) Basilius-Presse AG, Basel 1962.

GORDON, A.: Die Fliegerei. C. Bertelsmann Verlag, Gütersloh 1964.

SPÄTE, W.: Flieger – heute und morgen. Otto Krausskopf Verlag GmbH, Mainz 1961.

SUPF, P.: Das Buch der deutschen Fluggeschichte. 2 Bände. Drei-Brunnen-Verlag, Stuttgart 1956.

WISSMANN, G.: Geschichte der Luftfahrt. VEB Verlag Technik, Berlin 1960.

Flugzeugtypen

KENS, K.: Flugzeugtypen. 5. Aufl., Otto Krausskopf Verlag GmbH, Mainz 1968.

SCHMIDT, HEINZ A. F.: Flugzeuge aus aller Welt. 2 Bände. 1.–2. Aufl., Motorbuch Verlag, Stuttgart 1967.

Triebwerke

FRÖTSCHEL, J.: Moderne Flugzeug-Kolbentriebwerke. Richard Carl Schmidt & Co., Braunschweig 1959.

FRÖTSCHEL, J.: Flugzeugturbinen, Propellerturbinen und Strahltriebwerke. Holsten-Verlag Schenke & Haas, Hamburg 1964.

GERICKE, K. / DIETRICH, F.: Triebwerke für Flugzeuge und Flugkörper. Stephan-Verlagsgesellschaft, Darmstadt 1961.

Flugverkehr

BÄRNER, K.: Flugsicherungstechnik. 2 Bände. (Die Bücher der Luftfahrtpraxis 5–6) Hanns Reich Verlag, München 1957–59.

BODLEE, A.: Motor- und Segelflug. Leitfaden für Motor- und Segelfliegerprüfungen. (Die Bücher der Luftfahrtpraxis 1) 3. Aufl., Hanns Reich Verlag, München 1959.

EICHENBERGER, W.: Flugwetterkunde. 3. Aufl., Schweizer Verlagshaus, Zürich 1966.

GEBHARDT, W.: Navigation für Privatpiloten. 2. Aufl., Luftfahrt-Verlag Walter Zuerl, Steinebach 1963.

KOHL, F.: Moderner Flughafenbau. Springer-Verlag KG, Berlin, Heidelberg und Bielefeld 1956.

LEIBING, ARNE: Flugsicherheit oder die Chance zu überleben. (rororo aktuell 962) Rowohlt Taschenbuch Verlag GmbH, Reinbek bei Hamburg 1968.

MARFELD, A. F.: Weltluftfahrt. Technik, Dokumentation und fliegerisches Wissen und die Luft-Straßen der Welt von heute. Safari-Verlag, Berlin 1967.

METZLER, R.: Zukunft unbegrenzt. Die phantastischen Aussichten des Flugverkehrs, jetzt und in den nächsten Jahren. Moderne Verlags-GmbH, München 1967.

POLITT, W.: Start, Flug, Landung, Flugleistung. Ein Trainingshandbuch der Luftfahrttechnik. 2 Bände. Richard Carl Schmidt & Co., Braunschweig 1961–62.

RIEMER, P. M.: Verkehrsflughäfen und deren Beziehungen zur Stadt. Verlag Aloys Henn, Ratingen 1959.

SCHREIBER, W.: Die Männer im Cockpit. Der Verkehrsflugzeugführer und sein Arbeitsbereich. L. Schwann Verlag, Düsseldorf 1967.

SCHWARZ, E.: Die Luftfahrtberufe. Otto Krausskopf Verlag GmbH, Mainz 1967.

Technik

ETKIN, B.: Flugmechanik und Flugregelung. Berliner Union GmbH, Stuttgart 1966.

MÜLLER, WILHELM: Einführung in die Mechanik des Fluges. 4. Aufl., VEB Fachbuchverlag, Leipzig 1958.

PICHT, W. D.: Moderne Flugzeugtechnik. VEB Verlag Technik, Berlin 1960.

SCHMARSOW, G.: Die Physik des Fliegens. VEB Fachbuchverlag, Leipzig 1955.

Hobby

GYMMICH, A.: Der Segelflugmodellbau in Theorie und Praxis. 3. Aufl., Otto Maier Verlag KG, Ravensburg 1963.

Personennamenregister

Die Seitenzahlen können sich auch auf Abbildungen beziehen

Sachwortregister

Die Seitenzahlen können sich auch auf Abbildungen beziehen

Danksagungen

Redaktion der Taschenbuchausgabe: Friedemann Bedürftig. (Die Sachbuchredaktion des Rowohlt Taschenbuch Verlages hat die notwendigen Aktualisierungen vorgenommen.)

Die Herausgeber dieses Bandes sind Charles H. Gibbs-Smith, Ehrenmitglied der Royal Aeronautical Society, London, England, und Rudolf F. Lehnert vom technischen Mitarbeiterstab, Direktor im Überschall-Laboratorium, Abteilung Raumfahrt und Mechanische Wissenschaften, Princeton University, Princeton, New Jersey, zu besonderem Dank verpflichtet; außerdem folgenden Persönlichkeiten und Institutionen: Aero Service Corporation, American Airlines, Abteilung Public Relations; American Society of Photogrammetry, Falls Church, Virginia; Alexander Anderson, Public Relations, Lockheed Aircraft Corporation; Captain Ralph S. Barnaby, The Franklin Institute, Philadelphia; Peter Bowers, The Boeing Company; James S. Boynton, Public Relations, Flugzeugabteilung, The Boeing Company; Elizabeth Brown, Bibliothekarin, American Institute of Aeronautics and Astronautics, New York City; Harold Carr, The Boeing Company; Louis S. Casey, Kurator der Flugabteilung, Smithsonian Institution, Washington, D. C., Charles Dollfus, Ehrenkurator des Musée de l'Air, Paris, Frankreich; Robert Dunn, General Dynamics Corporation; Jim Ean, Spezialist für Flugsicherung, New York Air Route Traffic Control Center; Fairchild Aerial Surveys; James L. G. Fitz Patrick, Dekan des Staten Island Community College der City University of New York; Duane Freer, Informationsspezialist, Federal Aviation Agency; Paul Garber, Hauptkurator und Historiker, National Air Museum, Smithsonian Institution, Washington, D. C.; Geologisches Vermessungsamt, U. S. Ministerium des Inneren; Joseph P. Grandfield, Curtiss-Wright Corporation; Gordon Gray, Public Relations, North American Aviation; William Harris, Historiker, National Park Service, Wright Brothers National Memorial; Kitty Hawk, North Carolina; Hunting Surveys Ltd.; James E. Jones, Pressereferent, Greenfield Village, Dearborn, Michigan; Lyman Josephs, Direktor, Luftfahrzeugentwicklung, Martin Company; John Lee, ehemaliger Forschungsdirektor, United Aircraft; Robert Lutz, General Dynamics Corporation; Marvin W. McFarland, stellvertr. Leiter der Abteilung Wissenschaft und Technologie, Kongreßbibliothek, Washington, D. C.; Walter E. Martin, Abteilung Community Activities, Shell Oil Company; Vincent Modugno, Public Relations, Kennedy Airport, American Airlines; Dr Joseph Needham, F. R. S., Caius College, Cambridge University, Cambridge, England; Mark E. Nevils, Public Relations, The Boeing Company; Dr. Hans von Ohain, Dayton, Ohio; James Ragsdale, Public Relations, Maintenance and Engeneering Center, American Airlines; William J. Ratsch jr., Leiter der Informationsabteilung, Air Force Museum, Wright-Patterson Air Force Base, Dayton, Ohio; Joseph Stein, Public Information Office, National Aeronautics and Space Administration, Washington, D. C.; Vaughn Stephens, Informationsspezialist, ASEP, Wright-Patterson Air Force Base, Dayton, Ohio; C. Fayette Taylor, Professor Emeritus, Massachusetts Institute of Technology, Cambridge, Massachusetts; Robert Taylor, Präsident der Antique Airplane Association, Ottumwa, Iowa; K. E. Van Every, General Dynamics Corporation; Irwin E. Vas, Gas Dynamics Laboratory, School of Engineering and Applied Science, Princeton University, Princeton, New Jersey; Vereinigte Flugtechnische Werke GmbH, Bremen; Daniel S. Wentz, Associate Public Affairs Officer, Langley Research Center, Hampton, Virginia.

Die Herausgeber danken für die Erlaubnis, in dem Bildbericht über die Gebrüder Wright Abbildungen des Wright-Hauses, des Fahrradladens und Einrichtungen – heute in Greenfield Village, Dearborn, Michigan – wiedergeben zu dürfen. Andere für diesen Bericht aufgenommene Bilder stellten zur Verfügung: Das Air Force Museum, Dayton, Ohio; The John Crerar Library, Chicago, Illinois; The Franklin Institute, Philadelphia; die Kongreßbibliothek und The Smithsonian Institution, Washington, D. C.; außerdem das Wright Brothers National Memorial, Kitty Hawk, North Carolina.

Bildquellennachweis

(Die Seitenzahlen stehen vor den Namen derer, die Fotos, Zeichnungen oder Graphiken für diesen Band zur Verfügung gestellt haben.)

Umschlagvorderseite: Lufthansa-Archiv
7: *Ivan Massar von Black Star.* 9: *Grant Haist.* 11 links: *Aus ‹Science and Civilization in China›, Bd. 4, von Joseph Needham unter Mitarbeit von Wang Ling, Cambridge University Press.* 11 rechts: *Photo Bulloz mit Genehmigung des Musée Carnavalet.* 12: *mit Genehmigung des Science Museum, London.* 13: *Derek Bayes mit Genehmigung von H. Gibbs-Smith.* 14: *mit Genehmigung des Science Museum, London.* 15: *Derek Bayes mit Genehmigung von Charles H. Gibbs-Smith.* 16/17: *Karl W. Kenyon von der National Audubon Society.* 19: *Deutsches Museum, München.* 21, 22, 23, 24/25, 26: *Arnold Newman.* 29: *Sandor Aldott. Alan Clifton, mit freundlicher Genehmigung der Royal Aeronautical Society.* 32/33: *Robert E. Lackenbach von Black Star mit Genehmigung des Zeppelin-Museums, Friedrichshafen.* 34/35: *United Press International.* 36: *NASA.* 38: *Zeichnung von James Alexander.* 41 oben: *Zeichnungen von Otto van Eersel.* 41 unten: *Zeichnungen von Nicholas Fasciano.* 42: *Harold E. Edgerton von der National Audubon Society.* 43: *Leonard Lee Rue Dritter von Monkmeyer Press Photo.* 44: *Arnold Newman.* 47: *Rudolf Lehnert.* 49: *Zeichnungen von Ronald de Vito.* 50: *Zeichnungen von George V. Kelvin; entworfen von Matt Greene und fotografiert von Henry Groskinsky.* 52, 53: *Entworfen von Matt Greene und fotografiert von Henry Groskinsky.* 54: *Zeichnungen von Leslie Martin.* 55: *Zeichnungen von Nicholas Fasciano.* 56/57: *Zeichnungen von Charles Mikolaycak.* 59: *NASA.* 60/61: *Zeichnungen von Matt Greene.* 63: *General Dynamics Corporation.* 64 oben: *Shell Oil Company High Speed Flight-Filmreihe.* 64 unten: *Henry Groskinsky.* 66/67: *Entworfen von Matt Greene und fotografiert von Henry Groskinsky.* 68/69: *David Goodnow.* 70: *Derek Bayes mit Genehmigung der Royal Aeronautical Society.* 71 links: *mit Genehmigung des Science Museum, London.* 71 rechts: *mit Genehmigung des Smithsonian Institution National Air Museum.* 72/73: *Zeichnungen von Ronald de Vito.* 74: *mit Genehmigung der Smithsonian Institution.* 77 oben links: *Zeichnung von Leslie Martin.* 77 Mitte und unten Mitte: *Eddy van der Veen mit Genehmigung von Charles Dollfus.* 77 ganz rechts: *Arnold Newman.* 78/79: *Zeichnung von George V. Kelvin.* 80/81: *© Vereinigte Flugtechnische Werke GmbH, Bremen (VFW-Foto 2418).* 82/83: *© Messerschmitt, Bölkow, Blohm GmbH, München.* 84: *Zeichnungen von Leslie Martin.* 86: *Norman Snyder.* 88 links: *Loomis Dean.* 88/89: *General Dynamics Corporation.* 90/91: *Lockheed Aircraft Corporation.* 92: *Ralph Crane.* 94: *The Boeing Company.* 95: *Zeichnung von George V. Kelvin.* 96/97: *Zeichnungen von Leslie Martin.* 98: *Sammlung Louis Vallin.* 99: *mit Genehmigung der Smithsonian Institution.* 100/101: *United Press International.* 102: *Zeichnungen von Leslie Martin.* 104: *Musée Marey, Beaune.* 106: *Mit Genehmigung des Aeronautical Chart and Information Center, USAF.* 108/109, 109 oben: *Mit Genehmigung von Charles Dollfus.* 109 unten rechts: *Culver Pictures.* 110/111: *Ivan Massar von Black Star.* 113 oben, 113 Mitte: *Zeichnung von James Alexander.* 114: *American Airlines.* 115: *Henry Groskinsky.* 116: *American Airlines.* 117: *Henry Groskinsky.* 118/119: *Ivan Massar von Black Star.* 119 oben rechts: *Zeichnung von James Alexander.* 120: *Ivan Massar von Black Star.* 121: *Zeichnung von James Alexander.* 122/123: *Ivan Massar von Black Star.* 124/125, 126, 127, 128/129: *Henry Groskinsky.* 130/131: *Ivan Massar von Black Star.* 132, 134/135, 136: *Zeichnungen von George V. Kelvin.* 137: *Lee Boltin.* 138: *Lockheed Aircraft Corp.* 140/141: *NASA.* 142: *Alan Clifton mit Genehmigung des Royal Institution of Great Britain.* 144/145: *Ralph Crane.* 146/147: *Mit Genehmigung der Royal Aeronautical Society, London.* 150/151 oben: *J. R. Eyerman.* 150/151 unten: *Ling-Temco-Vought Inc.* 152 oben: *Zeichnungen von Matt Greene.* 152/153: *© Vereinigte Flugtechnische Werke GmbH, Bremen.* 154: *General Dynamics Corporation.* 157: *N. R. Farbman.* 158: *Shell Oil Company High Speed Flight-Filmreihe.* 160/161: *Hermann Becker.* 162/163: *NASA.* 164/165: *Yale Joel.* 166/167: *Henry Groskinsky.* 168/169: *Office National d'Etudes et Recherches Aeronautiques.* 170/171: *Pierre Boulat.* 173: *Zeichnungen von James Alexander.* 175: *Mit Genehmigung der Sikorsky Aircraft Division von der United Aircraft Corporation, Zeichnung von James Alexander.* 176: *Zeichnungen von Matt Greene.* 178/179: *Zeichnung von George V. Kelvin.*

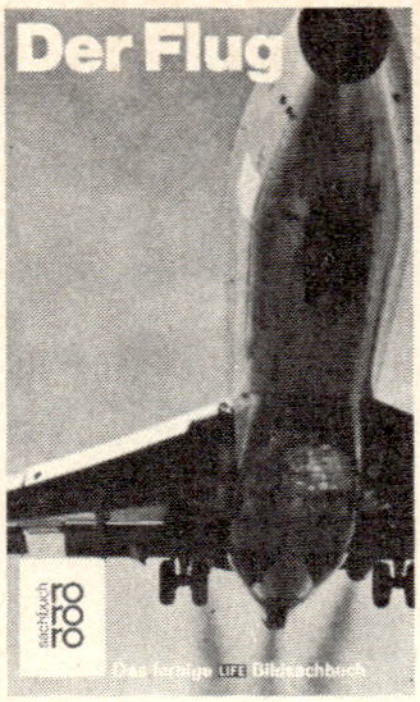

Die farbigen LIFE Bildsachbücher

Brillante Bilder – leicht verständlicher Text – fesselnde Darstellung
Diese neuartigen Taschenbücher erklären anschaulich Geschichte, Anwendungsbereiche und modernste Ergebnisse aus Wissenschaft und Technik. Jeder Band mit über 150 Bildern, davon 100 farbig, mit Register und Literaturhinweisen.

Mathematik [1]
Einführung: Prof. Dr. Ernst Witt, Direktor des Mathematischen Seminars der Universität Hamburg

Energie [2]
Einführung: Prof. Dr.-Ing. Eduard Pestel, Technische Hochschule Hannover

Schiffe [3]
Einführung: Prof. Dr.-Ing. Dr.-Ing. e. h. Georg Weinblum, Institut für Schiffbau der Universität Hamburg

Der Körper [4]
Einführung: Prof. Dr. Hans Reichel, Direktor des Physiologischen Instituts der Universität Hamburg

Die Materie [5]
Einführung: Prof. Dr. Pascual Jordan, Direktor des Instituts für Theoretische Physik der Universität Hamburg

Licht und Sehen [6]
Einführung: Prof. Dr. Adolf Bleichert, Physiologisches Institut der Universität Hamburg

Die lebende Zelle [7]
Einführung: Prof. René Dubos, The Rockefeller Institute, New York

Die Maschinen [8]
Einleitung Henry Ford II

Mikroben, Gene, Vitamine [9]
Einleitung: Prof. Dr. Dr. Hans Harmsen, Direktor des Hygienischen Instituts der Freien und Hansestadt Hamburg

Das Wetter [10]
Einleitung: Prof. Dr. Rudolf Schulze, Deutscher Wetterdienst, Meteorologisches Observatorium Hamburg, Präsident der Deutschen Gesellschaft für Lichtforschung

Die Planeten [11]
Einführung: Prof. Dr. Hans Haffner, Vorstand des Astronomischen Instituts und der Sternwarte der Universität Würzburg

Der Flug [12]
Einführung: Prof. Dr.-Ing. Heinrich Hertel, Technische Universität Berlin

Wachstum [13]
Einführung: Prof. Dr. Dr. h. c. Widukind Lenz, Direktor des Instituts für Humangenetik der Universität Münster

Wasser [14]
Einführung: Prof. Dr. Hans Joachim Martini †, Präsident der Bundesanstalt für Bodenforschung und des Niedersächsischen Landesamtes für Bodenforschung, Präsident der Association Internationale des Hydrogéologues

Schall und Gehör [15]
Einführung: Prof. Dr. Dipl.-Ing. Gerold Ungeheuer, Institut für Phonetik und Kommunikationsforschung der Universität Bonn

Die Zeit [16]
Einführung: Prof. Dr. Heinz Raether, Direktor des Instituts für angewandte Physik der Universität Hamburg

Mensch und Weltraum [17]
Einführung: Prof. a. D. Dr. h. c. Dr.-Ing. e. h. Hermann Oberth

Grundstoffe, Kunststoffe, Hochpolymere [18]
Einführung: Dr. Giulio Natta, Professor für technische Chemie, Polytechnisches Institut Mailand. Nobelpreisträger für Chemie 1963

Medikamente und Drogen [19]
Einführung: Prof. Dr. Günther Malorny, Direktor des pharmakologischen Instituts der Universität Hamburg

Autos und Eisenbahnen [20]
Einführung: Senator Helmuth Kern, Präses der Behörde für Wirtschaft und Verkehr der Freien und Hansestadt Hamburg